빼빼가족, 버스 몰고 세계여행

빼빼가족, 버스 몰고 세계 여행

초판 1쇄 발행 2015년 6월 15일
초판 8쇄 발행 2020년 7월 17일

글·사진 빼빼가족(최동익, 박미진, 최다윤, 최진영, 최진우)

펴낸이 金湞珉
펴낸곳 북로그컴퍼니
주소 서울시 마포구 월드컵북로 1길 60 (서교동), 5층
전화 02-738-0214
팩스 02-738-1030
등록 제2010-000174호

ISBN 978-89-94197-84-5 03980

용감한 가족, 우여곡절 끝에 25개 국, 163개 도시를 달리다!

빼빼가족, 버스 몰고  세계 여행

글 · 사진 빼빼가족

북로그컴퍼니

길을 나서게 한, 생각

나이 오십의 가장이 1년이라는 시간 동안 가족과 함께 유라시아대륙을 여행하겠다고 하면 대부분의 사람들이 이렇게 말할 겁니다.

"아, 돈이 좀 있구나."

- 아닌데요. 재산이라고는 달랑 하나 있는 아파트였는데, 그것마저 정리하고 갑니다.

"아, 사회 적응에 문제가 좀 있구나."

- 아닌데요. 20여 년간 전시 디자이너로 열심히 살아왔고, 저만의 독보적인 영역, 그로 인해 생긴 조금의 기득권마저 버리고 갑니다.

"아, 그럼 아이들이 학교에서 왕따?"

- 아닌데요. 아이들 셋 모두 학교에서 친구가 많아 문제입니다.

'다른 길'을 가겠다는 말에 의구심부터 드는 것은 당연합니다. 저 역시 1년 가까운 시간 동안 스스로에게 질문을 던졌습니다.

'이 결정'이 맞는가? 아버지로, 한 집안의 가장으로 선택한 '이 길'이 맞는가?

답은 구하지 못했습니다. 다만 '어떤 길'이건 정답은 없을 것이다, 그렇다면 우리 가족이 가고자 하는 '이 길'이 최소한 틀린 답은 아닐 것이다, 라고 생각했습니다.

여행 중 아이들은 고3, 고1, 중3이었습니다. 아이들의 인생에서 그때가 가장 중요한 시기라고들 말합니다. 맞습니다. 아이들이 미래를 위해 학교 공부에 매진해야 할 때이고, 부모가 모든 수단과 방법을 동원하여 아이들의 학습 능력을 일정 수준까지 올려놓아야 할 때입니다. 그게 대한민국 현 시대를 살고 있는 부모의 역할입니다. 때문에 수많은 부모들은 아이와 대화할 수 있는 시간, 함께 보낼 수 있는 휴일 등을 포기하며 아이가 오직 공부에 매진할 수 있는 환경을 만들고자 밤낮없이 노력합니다. 그래야 아이들이 사회에 나가 행복한 삶을 누릴 수 있다고 생각하니까요. 물론 틀린 생각은 아닙니다.

그러나 우리의 생각은 달랐습니다. 그 시기를 온 가족이 함께 보내고 싶었습니다. 아이들 인생에서 가장 중요한 시기라면 그 중심에 '가족'이 있어야 한다고 생각했습니다. 가족을 매일 바라볼 수 있고, 서로를 이해할 수 있는 기회가 필요할 때라고 생각했습니다. 아이들 어깨를 짓누르는 게 무엇인지 몰랐고, 부부가 같은 곳을 바라볼 기회가 많지 않아 공유하는 것 또한 많지 않았습니다. 때문에 우리 가족만의 가족사, 이야깃거리가 필요하다고 생각했습니다.

그 방편으로 온 가족이 4평 남짓한 미니버스에서 숙식을 해결하며 유라시아대륙을 일주하자는 데에 마음을 모았습니다. 4평은 서로의 생각이 보일 만큼 가까운 거리입니다. 이 작은 공간에서 24시간, 365일을 함께 생활하려면 서로 이해하고 배려할 수밖에 없습니다. 움직이는 작은 집에 있는 적은 살림살이에 감사하고, 지나치게 지니고 있는 것은 없는지 돌아보아야 합니다.

물론 좁은 공간에서 오랜 시간을 함께 생활하려면 아이들도 불편하지만 부모 또한 불편합니다.

부모 노릇을 해야 하기 때문입니다.

귀감이 되어야 하기 때문입니다.

말이 아니라 몸과 정신을 바로 세우는 어른이 되어야 하기 때문입니다.

아버지, 어머니가 되어야 하기 때문입니다.

하지만 결정했습니다. 저는 이 여행을 통해 과장, 부장이 아닌 '아버지'라는 직함을 가지기로 마음먹었습니다.

길을 나서는, 방편

1년간 길 위에 설 수 있다는 것 하나만으로도 우리는 가진 자 쪽입니다. 살던 집까지 팔아 어렵게 출발한 여행이지만 삶이 고단하신 쪽에서 보자면 우리 가족은 그래도 팔자 좋은 가족임에 분명합니다. 우리 가족의 여행 소식을 접한 누군가가 마음의 상처를 입지 않기를 바랐습니다. 오히려 생각의 환기를 얻을 수 있기를 바랐습니다. 그런 여행 방법을 찾아야 했습니다. 그것이 사회의 어려움을 외면하고 유랑이나 하려는 가족의 도리라고 생각했습니다. 그것이 사회 구성원으로서의 최소한의 책무라 여겼습니다.

한 달이건 1년이건 비행기를 타고 안락한 곳을 여행하면 가족의 안전을 도모할 수 있습니다. 그러나 그 안락함을 포기하고 12년 된 미니버스를 개조하여 4평 남짓한 공간에서 숙식을 해결하며 신新 실크로드 아시안 하이웨이를 달리기로 했습니다. 그 이유는 앞서 말한 책무와 더불어 다음의 이유 때문입니다.

UN 산하 국제기구 아시아태평양경제사회위원회(ESCAP)에서 아시아의 물적·인적·문화적 교류를 위해 신 실크로드를 만들었습니다. 여기에 우리나라와 북한도 가입하고 도로를 제공했습니다. 경부고속도로를 활용한 AH 1번 도로, 동해안 국도 7호선을 활용한 AH 6번 도로. 그 길로 가면 유럽까지 갈 수 있다고 국가가 표지판까지 세워놓았습니다. 아무도 일주한 사람이 없다고 들었습니다. 우리 가족은 가진 것이 그리 많지 않아 경제적으로 나눔을 실천하기에 부족했고, 워낙 '빼빼'해서 사회에 육체적 도움을 주기에도 부족했습니다. 대신 이 도로에 바퀴를 굴려 대륙의 서쪽 끝이라는 이유로 세계적인 관광지가 된 포르투갈 호카곶까지 다녀올 수 있다면 한반도를 섬 정도로 생각하고 있는 많은 이들에게 '한반도는 대륙의 변방이 아니라 대륙의 출발점이다.'라는 생각의 전환을 줄 수 있겠다, 싶었습니다. 나아가 우리를 따라 이 길을 가는 사람이 생기고, 남북의 이해가 맞아 북한까지 통과할 수 있게 된다면….

예, 압니다. 우리의 생각이 무모하다는 것을. 일개 가족이 할 수 있는 일이 아니라는 것을. 그러나 누군가는 시도해볼 만한 일이 아닙니까?

팔자 좋아 유랑이나 다니는 가족의 궤변에 불과할지 모릅니다. 그러나 우리 가족은 우리 마음 편하고자 이러한 이유를 대며 이토록 무모한 방법으로 여행길에 올랐습니다.

빼·빼·가·족· 소·개

아버지, 최동익(출발 당시 50세)

최고의 디자이너를 꿈꾸었던 20대, 치열하게 자기 영역을 넓혔던 30대, 전시 디자이너의 정점을 찍었던 40대…. 나이 오십이 되어서야 그 모든 과정에 가족이 없었다는 것을 깨달은 '늦깎이' 아버지다. 여행 중에는 운전을 담당했고, 책에서는 글을 담당했다. 글 속에서 스스로를 '나'가 아닌 '아버지'라는 3인칭으로 칭했다. '아버지'라는 이름을 잊고 싶지 않아서다.

어머니, 박미진(출발 당시 46세)

남편의 '떠나자'라는 한마디에 전부터 여행을 준비했던 사람처럼 바로 짐을 꾸린 철없는 아내이자, 아이들의 작은 소리에도 귀 기울이려 노력하는 '미완'의 엄마다. 여행 중에는 안살림과 내비게이션을 담당했고, 책에서는 그림을 담당했다. 글에서는 '박 여사'로 호명된다.

맏딸, 최다윤(출발 당시 19세)

긍정적이고 자유로운 영혼이라 불리는 아이로, 이제 막 20대에 들어섰다. 10대의 마지막, 그리고 20대의 시작을 유라시아대륙 위에서 가족 모두와 함께했다는 것이 너무나 자랑스럽다. 여행 중에는 동영상 촬영·편집을 담당했고, 책에서는 포토 에세이를 담당했다.

장남, 최진영(출발 당시 17세)

착한 아이, 정직한 아이, 한없이 소심한 아이, 동물을 좋아하는 아이, 그리고 가족을 사랑하는 아이다. 여행 중 기록과 GPS를 담당했고, 책에서는 포토 에세이를 담당했다.

막내, 최진우(출발 당시 16세)

하고 싶은 게 무지 많지만 아직까지는 그 무엇도 오래 하지 못한다. 하지만 정말 좋아하는 걸 찾으려고 노력하고 있다. 어디에서나 적응을 잘하는 카멜레온 같은 아이이다. 여행 중 사진을 담당했고, 책에서는 포토 에세이를 담당했다.

무탈이(출발 당시 12세)

빼빼가족이 유라시아대륙 일주를 하는 동안 아늑한 집과 빠른 발, 든든한 친구가 되어준 고마운 캠핑카. 차종은 기아 파워콤비로 여행 중 운송과 안전을 담당했다. 책에서는 감초처럼 자주 등장한다.

출발

대한민국 — 러시아 — 핀란드 — 스웨덴 — 덴마크 — 독일 — 룩셈부르크 — 프랑스 — 스페인 — 포르투갈 — 스페인 — 프랑스 — 모나코 — 이탈리아 — 크로아티아 — 보스니아 헤르체고비나 — 크로아티아 — 몬테네그로 — 세르비아 — 불가리아 — 터키 — 이란 — 투르크메니스탄 — 우즈베키스탄 — 카자흐스탄 — 키르기스스탄 — 카자흐스탄 — 러시아 — 몽골 — 중국 — 러시아 — 대한민국

도착

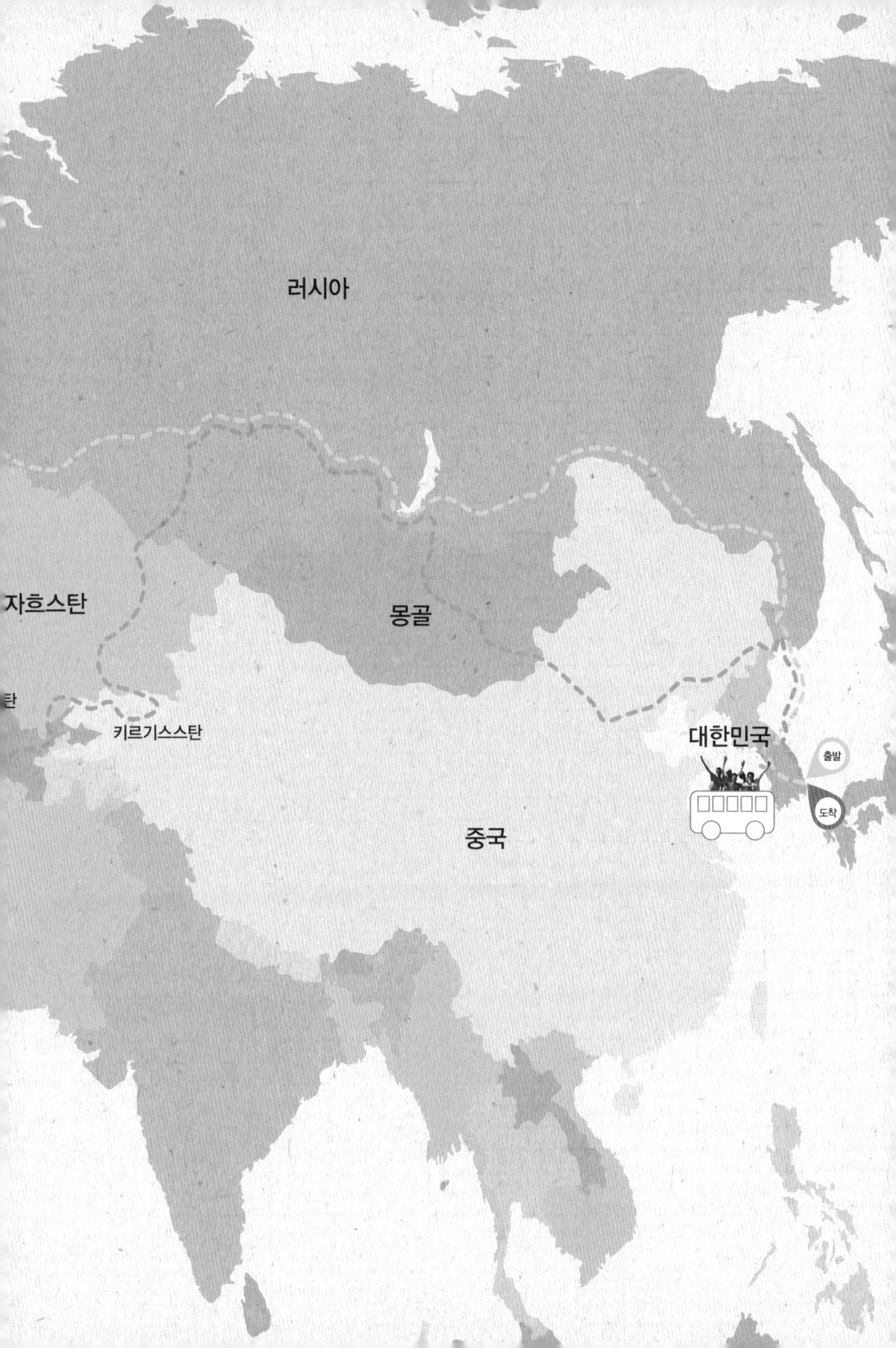
러시아
자흐스탄
몽골
탄
키르기스스탄
대한민국
출발
도착
중국

차례

PART 2 · 넘어지고 쓰러져도 국경은 넘어야 해!

PART 1
길을 모른다고 길이 없는 건 아니다!

ASSOCIATION
RUE DU COUVENT DES MINIMES

지금이라도 배에서 내려야 하는 건 아닐까?

속초항. 우리의 첫 여행지인 러시아 블라디보스토크로 향하는 배의 화물칸에 출국·세관 수속을 마친 '무탈이'를 결박시켰다. 이제 우리와 함께 여행할 차량 무탈이는 서류상 대한민국을 떠났다.

가족과 함께 배정된 방에 도착하여 배낭을 내리는 순간, 오른쪽 다리에 갑작스런 경련이 인다. 몸을 가눌 수 없을 정도의 통증이라 그대로 주저앉는다. 금세 종아리 근육이 돌덩어리처럼 굳더니 발가락이 제각각의 방향으로 뒤집힌다. 가족 모두가 아버지의 다리를 주물러보지만 경련은 쉽사리 사라지지 않는다. 이러다 다리가 어떻게 되는 건 아닐까, 하는 생각이 들 정도의 지독한 고통이다.

출항까지 남은 시간은 단 1시간. 22시간 운항할 이 배에 의사는 있을까? 지금이라도 배에서 내려야 하는 건 아닐까?

아이들과 박 여사가 계속 다리를 주물러보지만 돌덩어리가 된 종아리와 뒤집힌 발가락은 정상으로 돌아올 기미가 없다. 혹시 몸에 있던 이상을 미처 체크하지 못한 걸까? 오늘은 무사히 넘기더라도 여행 중에 이런 일이 또 발생하면 어쩌지? 지금이라도 배에서 내려서 몸 상태를 확인하는 게 좋지 않을까…?

아, 어떻게 여기까지 왔는데…!

3년을 준비했는데…!

모든 것을 버렸는데…!

이런 규모의 배는 처음이라 여기저기 궁금한 것이 많을 아이들이 객실 밖으로 나가보지도 못하고 아버지 다리만 주무른다.

"아버지, 그냥 쥐 내리는 것이 아닌 것 같심더. 병원 가서 체크하고 며칠 뒤 다시 출발합시다."

"조금만 더 만져주면 된다. 걱정하지 마라. 긴장이 풀리다 보니 쥐가 좀 심하게 난 것뿐이다."

말은 그렇게 했지만 다리의 고통과 더불어 머리까지 복잡해진다. 경련의 정체를 알 수가 없다. 출발 준비를 하며 예상치 못한 문제들을 해결하느라 지난 2, 3주를 극도의 피로 속에서 보냈다. 그러다 가족과 함께 무사히 출발했다는 안도감에 몸과 마음이 풀리며 경련이 시작됐다. 이게 잠깐의 문제인지, 아이들 말대로 단순한 경련이 아닌 것인지 알 길이 없다. 내색은 안 하지만 박 여사의 긴장감이 다리를 주무르고 있는 손가락을 통해 고스란히 전해진다. 빨리 판단해야 한다. 배에서 내릴 것인가, 그냥 앞으로 나아갈 것인가….

몇 개월 전, 여행 준비로 동분서주하고 있는 가족들에게 이야기했다.

"이 여행은 출발만 하면 성공이고, 무사히 돌아온다면 행운이다."

우리는 가족이기 이전에 각자의 인생이 걸린 중요한 여행을 함께하기로 한 한 팀이었고, 아버지는 팀의 인솔자였다. 그 인솔자의 어깨에 권위와 위신 따위를 더한다면 가뜩이나 좁은 차가 더 좁아질 게 뻔했다. 해서 출발 준비의 어려움과 조사를 통해 알게 된 국경 문제, 치안 문제, 도로 사정의 낙후로 벌어질 수 있는 차량의 안전 문제 등을 가족에게 토로하고 수평적인 구조에서 의견을 구하기로 한 것이다. 사실 이미 큰 문제가 발생하기도 했고.

3년 전부터 가족에게 약속했던 이 여행의 경비를 마련하고자 아파트 매매를 준비했다. 은행에 약간의 근저당이 있는 지방의 아파트였지만 제때

팔리기만 한다면 편안하게 여행하고 돌아와 새로운 일자리를 마련할 때까지의 생활비는 감당할 수 있었다. 드디어 집을 보러 온 사람이 모든 게 마음에 든다며 내일이라도 당장 계약을 하자고 했다. 그런데 다음 날 계약자가 말했다.

"아파트가 가압류되어 있던데 아십니까?"

"예? 그런 일 없는데요…."

기억도 희미한 시절에 지인에게 해준 보증이 발목을 잡은 것이다. 9년이라는 세월 동안 존재하는지도 몰랐던 사실이다. 보증을 해준 지인은 등을 돌렸다. 누구를 탓하랴. 그때 그 상황에서 아버지가 선택한 일이었다. 그 사람을 마음에서 보내야 했다. 마음에 오래 둔다고 변할 사람도, 나아질 사람도 아니었다. 어쨌든 아버지가 잘못한 일이었다.

"박 여사, 미안합니다. 어떻게 하는 것이 좋겠는교?"

"일부러 그런 것도 아니고 이미 벌어진 일인데… 여행을 여유로운 돈으로 편하게 하지 말라는 뜻인가 봅니다. 어렵게 해봅시다. 절약하면 가능합니다. 얘들아, 너희들 생각은 어떻노?"

"우리도 어머니와 같은 생각입니다. 갑시다! 그런데 그 아저씨 진짜 나쁩니다! 어떻게 아버지 전화도 안 받는교?"

"아니다. 내가 잘못한 일이다."

출발하는 날 아침까지도 이 문제는 우리에게 어려운 숙제였다. 하지만 1년의 공백을 미리 메워두는 일도, 함께할 차량의 정비 문제도, 국경을 차량과 함께 넘나들 때 필요한 각종 서류 정리와 만에 하나 여행 중 발생할 수 있는 일들을 하나하나 체크해보는 일도 지난 2, 3주간 잠을 설치게 한 걱정

거리였다. 이 무모한 여행을 가자고 한 아버지가 오롯이 감당해야 하는 번민과 고뇌를 여행 준비를 위해 24시간 함께했던 가족들은 너무나 잘 알고 있었다. 그러니 아버지 다리의 경련 이유도 누구보다 잘 알고 있을 터였다.

20여 분 가까이 경련으로 고통스러워하는 아버지의 종아리를 만지던 아이들이 묻는다.

"아버지, 쫌 어떠신교? 가실 만한교?"

"어찌 올라온 배인데…."

손끝으로 아버지의 종아리 경련의 차도를 느낀 박 여사가 웃음 띤 얼굴로 말한다.

"얘들아, 아버지 괜찮으실 것 같다. 한 번씩 안아드려라. 아버지가 이 여행을 성공시켰다 아이가! 고생 진짜 많이 하셨다!"

배가 러시아를 향해 출발한 후에도 간헐적으로 일어나던 경련은 경직된 근육 때문인지, 박 여사의 밤샘 안마 덕분인지 종아리 전체에 푸른 멍 자국을 남기고 다음 날 아침이 되어서야 물러갔다. 절뚝거리며 박 여사와 나가 본 배의 갑판.

검푸른 바다 너머로 우리 여행의 첫 번째 나라 러시아의 항구도시, 블라디보스토크가 보인다.

배를 탄다는 게 마냥 좋다! 러시아로 가는 표를 받았을 때, 그 상황이 너무 당연한 것처럼 느껴졌다. 여행 준비를 3년이나 해서 그런가 보다. 그런데 또 한편으로는 이 모든 게 실감나지 않는다. 마치 꿈을 꾸는 것처럼. 꿈에서는 늘 신기한 일들이 당연하게 이뤄지니까. 아, 이제 정말 출발하나 보다. 나는 어디로 가는 것일까?

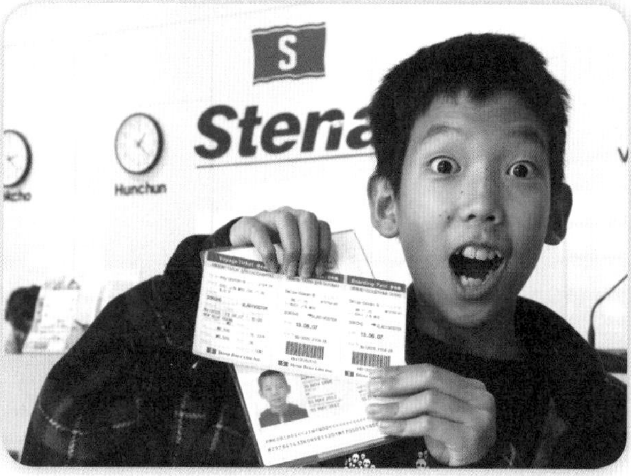

무용담이란
부딪쳐보지 않은 사람들의 것

무탈이가 없다. 아니, 무탈이를 찾을 수 없단다. 물론 무탈이를 데리고 블라디보스토크 국제항을 빠져나오는 데에 2, 3일이 소요된다는 사실은 알고 있었다. 하지만 우리가 도착한 토요일에는 아예 차량 통관 업무를 하지 않는단다! 블라디보스토크에서 차량을 통관시키려면 허가받은 러시아 에이전시를 통해 자동차 보험에 가입해야 하고, 그에 대한 대행료를 지불해야 한다. 해서 한국인이 운영하는 에이전시를 미리 알아두고 왔는데, 이곳에 와서야 무탈이가 토요일에 움직일 수 없다는 걸 알게 되었다. 출발 전 몇 통의 이메일을 주고받았던 에이전시 직원이 무탈이의 소식에 얼이 빠져 있는 우리에게 또 다른 이야기를 들려주신다.

우리가 앞으로 가야 할 시베리아 구간은 2주 전에 오토바이로 여행하던 일본인 관광객이 살해된 곳이고, 봄에 비가 많이 와서 도로가 유실되어버린… 한마디로 굉장히 위험한 곳이라는 요지의 말씀이다. 현장을 목격하신 듯 생생하게 말씀하셔서 아이들 얼굴이 사색이 된다.

"가족이 함께 여행하기에는 위험한 곳입니다, 시베리아는…."

'좋은 정보는 고마운데 왜 하필 가족이 다 있는 곳에서 말을 하시노?'

월요일에 무탈이의 통관 수속을 하러 다시 오겠다는 말을 남기고 가족을 몰아 황급히 사무실을 빠져나온다. 사실 속초항에서도 비슷한 이야기를 들었다. 시베리아 길거리에서 곰과 호랑이 사냥을 다니는 사람들이 떨어뜨린 유탄 때문에 크게 다친 사람들의 이야기, 마약이 난무하는 치외법권 마을이 여전히 존재한다는 이야기, 누가 어디서 어떻게 죽었다는 이야기…. 하지만 가만 들어보니 블라디보스토크에서 바이칼호수가 있는 이르쿠츠크라는 도시까지, 약 4000킬로미터 구간에서 일어났던 전설 같은 이야기를 전하는 이들에겐 공통점이 있었다. 대도시 이외의 구간은 너무 위험하다, 라는 선입견 때문에 하루에 1000킬로미터 이상을 쉬지 않고 달려 시베리아를 급하게 통과했다는 것이다. 결론은 그 구간을 실제로 접해보지 않았다는 것. 무탈이는 움직이는 집이다. 하루에 200킬로미터 정도를 이동하는 집이다. 그렇다면 우리는 시베리아 안으로 들어가야 한다. 그곳에서 정박하고 달리고를 반복해야 한다. 그러면 부딪쳐볼 수밖에….

길을 나선다는 것은 위험한 일이다.

그러나 위험을 겪기 위해 길을 가는 나그네는 없다.

위험할 걸 알면서도 길을 나서는 것은 부딪쳐보지 않고는 알 수 없는 많은 것들이 있기 때문이다.

그중에는 위험을 헤쳐 나가는 좋은 방법도 분명 포함되어 있을 것이다.

р.ВАСИЛЬЕВКА

월요일 아침, 에이전시에서 소개받은 러시아인 담당자와 이 건물, 저 건물을 들락거리며 만든 서류를 들고 무탈이를 만나러 간다. 무사할까? 통관검사를 한다고 집구석을 헤집어놓지는 않았을까? 도난된 물건은 없을까? 별의별 걱정을 하며 또다시 이 건물, 저 건물을 통과하니 저 멀리에 무탈이가 보인다. 얼른 운전석에 올라타 시동을 걸고 항구 출입문을 빠져나온다. 그러자 오전 내내 이 장면만 기다렸던 아이들이 정신없이 달려온다.

"와! 무탈이다!"

"다들 얼른 올라타라!"

"근데 아버지, 영사님이 오신다고 에이전시 공터에서 기다리래요."

"영사님? 한국영사관의 그 영사님? 왜?"

"몰라요. 에이전시 아저씨가 꼭 전하라 했심더."

잠시 후, 에이전시 공터에 서 있는 무탈이 쪽으로 에이전시 직원과 양복을 말끔하게 입은 두 남자가 다가온다. 그중 한 분이 자신을 블라디보스토크 주재 대한민국영사관의 영사라고 소개한 후, 바로 본론으로 들어가신다.

"가족이 미니버스를 타고 시베리아로 가신다는 소식을 듣고 왔습니다. 위험합니다."

영사관이라는 곳이 좋은 소식보다는 궂은 소식을 더 많이 접하는 곳일테니 영사님이 직접 우리 가족의 무모한 계획을 만류하러 오신 것도 이해가 된다.

"기차에 미니버스를 싣고 모스크바까지 가는 게 어떠신지…."

"유라시아대륙을 일주하는 여정입니다. 가보지도 않고 위험하다고 피할 수는 없습니다. 그리고 그럴 만한 돈도 없습니다. 죄송합니다. 시베리아로 가야겠습니다."

"이렇게 태극기까지 달고 가시면 더 위험합니다. 한국 관광객들은 돈을 많이 가지고 다닌다고 소문이 파다합니다. 아, 정말 걱정입니다."

무탈이 앞뒤로 붙어 있는 태극기와 'KOREA'라는 글자 때문에 더 걱정이 되신다는 표정이다.

"러시아 말 하세요?"

"아니요."

"아니, 도대체 어쩌시려고…. 러시아는 영어 안 통합니다. 예스, 노도 몰라요!"

"영사님, 걱정 고맙습니다. 시베리아도 사람 사는 곳입니다. 가족이 함께 가고 있습니다. 부딪쳐보고 어려움이 생기면 영사님께 연락드리겠습니다."

"위험한데… 내일 아침에 다시 올게요. 참, 여권 사본 주세요."

다음 날 아침, 영사님이 또 오셨다.

"영사님, 걱정 고맙습니다. 말리셔도 우리는 갑니다."

"아니, 그게 아니고, 이거 받으세요."

건네받은 서류 봉투를 열어보니 종이에 알아볼 수 없는 문자가 가득하고, 그 끝자락에 대한민국 총영사관의 공식 도장이 선명하게 찍혀 있다.

"이게 무엇입니까?"

"러시아 총영사님께 건의를 드려 공식적인 서류를 만들었습니다. 이 서류를 가지고 있는 사람은 대한민국 국민이다, 유라시아대륙 일주를 위해 러시아를 통과 중인 가족이다, 이 서류를 보는 러시아 공무원은 이 가족을 보호해야 된다, 뭐 이런 내용의 문서입니다. 꼭 가지고 다니시고, 특히 검문 중인 경찰이나 군인을 만나면 보여주세요. 도와줄 겁니다. 그래도 시베리아는 특별히 조심하셔야 합니다."

이렇게 감동스런 말씀과 함께 영사님 본인의 휴대폰 번호가 포함된 비상 연락망까지 넘겨주신다.

"제 차를 따라오세요. 블라디보스토크는 일방통행이 많고 운전이 거칩니다. 시 외곽까지 안내해드리겠습니다."

실로 이 서류는 러시아를 여행하는 동안 여권, 국제운전면허증보다 우선시되는 암행어사의 마패나 다름없었다. 우리 아이들에게 사람살이를 가르쳐주시어 감사합니다, 영사님!

이상한 나라의 앨리스

시베리아 여행을 그렇게 말리시던 영사님의 배웅을 받으며 아무것도 모르는 허허벌판으로 들어왔다. 이제부터 오롯이 가족의 힘만으로 나아가야 한다. 가이드가 있고, 숙소가 예약된 그런 여행이 아니다. 앞으로 무슨 일이 벌어질지, 어떤 고난이 우리 가족을 시험에 들게 할지 아무도 모른다. 익숙한 곳에서는 별일도 아닌 일이 낯선 곳에서는 엄청난 일로 다가올 것이다. 알고 왔다. 그 흔한 내비게이션의 안내도 없는 남의 나라에서 한 치 앞을 모르고 나아가고 있다. 인터넷 검색을 하지 못하니 미물도 알고 있는 내일의 날씨조차 알 길이 없다.

뭐, 한 치 앞을 알고 살았나?

내일을 알고 살았나?

그래, 한번 가보자!

도시의 냄새가 사라질 즈음부터 나타난 시베리아! 이것은 정말 다른 세계다. 그간 알게 모르게 쌓은 상식 모두를 적용해도 머릿속 이미지 퍼즐과 눈앞의 이미지 퍼즐은 단 한 조각도 맞아 떨어지지 않는다. 그야말로 새로운 세계다! 게다가 심히 광활하다! 바다를 바라보며 느끼는 그것이 아니다. 비행기 창밖으로 보이는 하늘, 그것도 아니다. 눈앞에 펼쳐진 장면은 그저 '광활하다.' 이외의 어떤 어휘도 떠오르지 않게 만든다. 다음 도시까지 남은 거리와 방향을 알려주는 도로 표지판 역시 상형문자나 마찬가지다. 혹시 글자가 아닌 건 아닐까, 싶을 만큼 한 번도 본 적 없는 문자다. 관광객을 생각할 필요가 전혀 없는 도로변 시골 식당의 메뉴판은 읽는 것은 물론이고 주문마저 불가능하다. 아, 다르다… 다르다!

우수리스크까지 약 100킬로미터의 거리에서 맛본 시베리아의 도로 사정 또한 가족 모두의 넋을 빼놓았다. 절반이 공사 중이다. 아니 공사 중이라 추측할 뿐이다. 원래 이런 것인지, 마침 공사 중에 우리가 지나가고 있는 것인지 모르겠다. 답답한 것은 이 비포장도로가 언제 끝날지 모른다는 것이다. 우리는 앞을 모르고 나아가고 있다.

"우수리스크를 지나면 도시가 없습니다. 일단 저 도시로 들어갑시다."

지도를 보며 내비게이션 역할을 하고 있는 박 여사의 판단으로 우수리스크에서 이 여행의 첫 정박지를 물색하기로 한다. 솔직히 시베리아에서 캠핑장 수준의 정박지를 기대하지는 않았다. 그저 정다울 정도로 작은 도로를 지나 아이들이 뛰어노는 마을 우물가 옆에 무탈이를 정박시킨 뒤, 인자한 시골 할아버지를 저녁식사에 초대하고, 따뜻한 모닥불 옆에서 자작나무 숲 사이로 지는 시베리아의 석양을 바라볼 수 있다면….

"아버지, 오늘 어디서 자는교?"

"모른다…."

아버지도 오늘은 두렵다. 어디가 안전한지, 어디에 무탈이를 정박시키고 자야 하는지 모른다. 여행 출발 전 시베리아에서의 정박에 관해 조사해봤지만 답을 찾지 못했다. 이곳 길거리에서 캠핑으로 밤을 보냈다는 한글 사용자의 글을 찾아볼 수 없었다. 어쨌든 마을 어귀로 들어가본다. 마음은 스산하지만 아름드리 플라타너스가 뿜어내는 몽환적인 꽃가루가 눈을 즐겁게 한다. 나무들 사이로 박스형 가게들이 보이자 박 여사가 나선다.

"저기 가게에 가서 여기 정박해도 되는지 물어보고 올게요. 아니면 다른 안전한 곳이 있는지…."

그렇게 씩씩하게 길을 나섰던 박 여사가 몇 마디도 못 하고 바로 돌아선다.

"내가 이상한 나라의 앨리스가 된 기분이에요. 완전히 다른 세상입니다. 모든 것이 달라요… 아무것도, 아무 말도 통하지 않아요!"

시베리아에 첫발을 내디딘 박 여사가 헛것을 보고 온 얼굴이다.

"어머니, 보디랭귀지를 해야지요… 이렇게 자는 포즈를 하면서 슬리핑, 슬리핑…."

"진우야, 여기는 다른 세상인데 그게 될까? 흠… 다시 갔다 올게요. 다윤아, 같이 가자."

우리나라 버스 정류장 옆 가판대만 한 가게의 작은 유리창에 머리를 들이밀고 보디랭귀지를 펼치고 있는 우리 편 여인네 둘의 뒷모습이 광대에 가깝다. 차 안에 있는 진영, 진우, 두 머스마가 배꼽을 잡는 사이, 뚱뚱한 러시아 아주머니가 가게 밖으로 나왔고, 동시에 세 명의 여인이 골목 안으로 사라진다.

"말 없이 가면 우짜노? 얘들아, 내려라. 아버지는 차를 지키고 있을 테니 진영이는 어머니를 쫓아가고, 진우는 골목 중간에서 양쪽을 확인해라."

몇 분 후, 동양인으로 보이는 한 아주머니를 대동한 우리 편이 무사 귀환한다.

"이분이 안전한 곳으로 안내해주신대요. 조선족이십니다."

사연인즉, 한국에서 왔다는 것 이외에는 의사소통이 전혀 되지 않자 러시아 아주머니가 가게 문까지 잠그고 이 마을에 사는 조선족 집까지 우리 가족을 인도해준 것이다. 러시아 아주머니께 감사의 인사를 전한 우리는 북한 사투리를 사용하는 착하디착하게 생긴 아주머니와 함께 정박지를 찾아 나선다. 그렇게 도착한 곳은 한인교회!

외국 여행 중 한인교회의 도움을 많이 받았다는 글을 익히 봐왔기에 정박지 체크리스트에는 한인교회가 들어 있었다. 그러나 이 작은 마을에 한인교회가 있을 거라고는 상상하지 못했다. 아주머니가 전도사님만 한국인이고 신도들은 조선족, 고려인, 북한 사람 들이라고 귀띔해주신다.

"아주머니가 저를 살렸습니다. 오늘이 여행 후 처음으로 차에서 자는 날입니다. 아무것도 모르는 나라에서 가족을 안전한 곳에서 재워야 하는 아버지로서 하루 종일 애간장을 녹였습니다. 고맙습니다. 고맙습니다."

가족 모두 너 나 할 것 없이 90도 배꼽 인사로 아주머니를 배웅한다. 박여사는 아주머니께 우리가 가지고 온 선물 중 최고품인 전통부채(붓글씨를 쓰는 지인의 작품)를 드리며 고마움을 대신한다.

아이들은 크리스마스 외에는 교회에 가본 적이 없다. 다시 말하면 우리 가족은 하나님의 존재를 믿지 않는 논(non) 크리스천이다. 그런 가족이 모든 상식이 여지없이 무너지는 미지의 세계, 시베리아에서 그 무엇에 이끌려 지금 교회 마당에서 안식을 취하고 있다. 이것이 기독교에서 말하는 '에벤에셀', 즉 '도움의 돌'이라는 것인가. 어쩌면 목사님이 된 어릴 적 죽마고우가 '이 여행에는 항상 하나님이 함께할 것'이라며 우리의 안전을 기도해 준 덕분인지도. 신을 믿고 기대고 싶은 절실함까지 느끼게 하는 광활한 곳, 시베리아. 오늘은 누군지 모를 모든 이에게 감사를 드린다.

무탈이가 이상하다!

시동이 안 걸린다. 하늘이 노랗게 변한다. 가족을 태우고 유라시아대륙으로 당차게 나아가야 할 무탈이가 '무탈'하지 못하다. 한인교회 마당에서 감사한 밤을 보낸 후 다시 길을 나서기 위해 시동을 걸자 무탈이가 겔겔겔, 아프다는 소리만 낸다. 출발할 때 거금을 들여 일체의 정비를 마친 상태다. 새 차나 마찬가지다. 그리고 어제 딱 하루 운행했다.

시동키를 돌리면 시동이 걸려야 하는 게 당연하다. 당연한 것이 당연하지 않을 때, 상식이 상식이지 않을 때 사람들은 말을 잃어버린다. 작은 집안에 정적이 흐른다. 삼라만상의 번뇌가 사라진 해탈에 오른 스님의 머릿속이 이럴까? 아무 생각이 없다. 중학생 때 친구와 장난을 치다 넘어지면서 콘크리트 바닥에 머리를 심하게 부딪쳤을 때의 뇌 상태다. 충격의 아픔을 채 느끼기 전의 멍한 상태. 이 정적을 아이들이 깬다.

"아버지, 차가 와 이라는교? 우짜노? 아버지, 고칠 수 있죠?"

"아버지는 자동차 정비를 잘 모른다…. 일단 한번 해보자…."

아버지가 정비를 못한다는 사실과 난감함이 그대로 묻어 있는 아버지의 작은 목소리에 다시금 정적이 흐른다.

"얘들아, 같이 살펴보자. 방법이 있을 끼다. 그래도 안락한 교회 마당에서 문제가 발생해서 천만다행 아이가? 시베리아 벌판에서 이랬다 생각해봐라. 우리는 참 운 좋은 가족이다."

자동차 여행을 한다고 할 때 주변 사람들의 첫 반응은 한결같았다.

"자동차 정비는 배웠는교?"

"아뇨… 뭐, 당신은 정비 알고 운전합니까?"

"국내에서야 전화 한 통이면 처리되지만 외국에 가족과 함께 가면서… 우짜려는교?"

"어째 되겠지요. 세상 이치 다 알고 사는 것이 아니듯 배우면서 가면 되지요."

대부분의 남자들은 차에 대한 자신감과 자부심이 대단하다. 자신감을 넘어 자만의 경지에 올라 있다. 차는 제 뜻대로 안 되는 세상에서 제 뜻대로 움직이는 몇 안 되는 애인이고, 격렬한 운전으로 힘없는 자신을 '상남자'로 포장해줄 수 있는 물건이고, 돈을 자랑해야 성공한 삶을 누리고 있다고 생각하는 사람을 위한 훌륭한 소장품이다. 그 자신감 속에는 전화 한 통이면 차를 정비, 수리할 수 있다는 배후가 숨어 있다. 그러니까 대부분의 남자들은 자기 차에 대해 잘 알지 못하는 상황에서 그것을 자랑하고, 사랑하고 있는 것이다. 그리고… 아버지도 똑같다. 다른 남자들과 차이점이 있다면 이곳에는 아버지를 도울 배후가 없다는 것이다.

우선 전류측정기로 배터리를 측정해본다. 이상이 없다. 알지도 못하는 지식, 아니 상식으로 여기저기를 만지고 있는 아버지에게 박 여사 왈,

“어제 저녁에 차 밑에 들어갔었잖아요? 뭐 잘못 만진 것 아니에요?”

“아, 맞다! … 다윤아, 한국에 전화 좀 하자!”

울산에서 정비업을 하시는 선배님께 어제 저지른 일과 지금 무탈이의 상황을 알리고 도움을 요청한다.

“그 차가 기아 파워콤비지? 나도 그 차는 잘 모르니 확인해서 수리 방법을 알려줄게. 그리고 전화비 많이 나온다. 내가 전화할 때까지 기다려.”

이 사달은 자동차 정비 지식이 아예 없는 아버지가 시베리아 비포장도로에서 튄 돌덩이에 무탈이가 무사한지 점검하면서 시작됐다. 문득 속초항에서 만난 중고차 수출업자분의 충고가 생각났던 것이다. 시베리아에서는 운전 중 튄 돌덩이로 인해 차체 하부에 있는 ‘워터’ 어쩌고저쩌고하는 플라스틱 부품이 깨지는 일이 허다하니 그 부품 관리를 잘해야 한다는 말씀이었다. 그러면서 혹시 모른다며 새 부품까지 선물로 주셨다. 이름도 제대로 모르는 그 부품의 역할은 기름에 섞인 수분을 제거하는 것이었다. 얄팍한 지식 하나를 알게 된 아버지는 플라스틱이 워낙 노후해서 전문가도 정상인지 아닌지 구분할 수 없는 무탈이의 그 부품에 손을 대버린 것이다.

선배님에게 전화가 왔다.

“걱정 마라. 간단한 정비다. 순서는 먼저….”

전문가께서 간단하다고 한 그 일을 처리하는 데 6시간이 걸렸다. 드디어 시동키를 돌린다. 부아아아앙!

“와!!!!!! 아버지 짱입니더!”

아이들 입에서 우수리스크 시민 모두가 들을 정도의 환호가 터져 나온다.

Photo Essay 진영

러시아란 나라는 땅이 정말 넓다. 우리나라처럼 전화 한 통으로 차 수리 기술자를 부를 수 없다. 고로, 차는 개인이 고쳐야 한다는 말이다. 그래서 러시아의 주차장 어디에나 자신의 차 상태를 확인할 수 있는 철제 기구가 서 있다. 러시아 사람들이 어떠한 상황에서도 차를 고칠 수 있는 '만능 손'을 가진 데에는 다 이유가 있었다.

저는 무모한
아버지입니까?

혹한에 수축되었다가 봄볕에 다시 팽창하며 곳곳에 균열이 생긴 도로, 육중한 무게의 트럭이 만들어낸 도로의 맨살, 겨우내 겹겹이 쌓였던 눈이 한꺼번에 녹으며 생긴 강과 그 강의 무서운 기세를 견디다 상처 난 교량, 그런 생채기들을 치유하러 달려온 중장비와 노동자들, 험로를 무심히 질주하는 차량들, 그리고 그 속에서 겁에 질려 엉금엉금 기어가는 무탈이…! 시베리아 도로는 그야말로 난장 중의 난장이었다. 그렇게 끝날 것 같지 않던 난장이 잦아들 무렵, 우리의 눈을 의심하게 하는 가슴 먹먹한 파노라마가 눈앞에 펼쳐진다.

접해본 적도, 상상해본 적도 없는 경이로운 시베리아의 봄이 우리 가족을 무탈이 밖으로 불러낸다. 순백의 여성스러운 자태와 강직한 남성미를 동시에 간직한 아름다운 자작나무의 바다, 태고의 신비를 간직한 광활한

대지, 그 속에서 피어나는 이름 모를 꽃들의 향연, 앞이 보이지 않을 만큼 흩날리는 꽃가루, 수많은 미물들의 날갯짓, 이름 모를 풀벌레들의 구애…. 시베리아의 짧은 봄이 우리에게 숨이 멎을 듯한 광경을 선사한다. 천상의 소리가 들릴 듯한 환상의 길, 시베리아! 이 에너지 충만한 시베리아의 봄을 인생의 봄을 맞이한 우리 아이들과 함께 보고 있다. 학교에 있어야 할 아이들이 한 치 앞도 알 수 없는 시베리아 벌판에 서 있다.

무모한 것일까?

미래가 불투명해질지라도 1년간 가족과 함께 여행한 아이들은 행복해질 수 있을까?

아니, 아이들은 지금 이 여행에 행복을 느끼고 있을까?

누가 정답을 아는 것일까?

정답은 있는 것일까?

이곳에서 오랜 세월을 살아온 브리야트족. 그들은 숲과 나무에 기도를 올리고 도움을 요청하며 살아왔다. 그들의 간절한 기원이 적힌 천 조각으로 가득한 영험해 보이는 자작나무 앞에 서본다. 그리고 이렇게 물어본다.

"저는 무모한 아버지입니까? 이 길이 맞는 길입니까?"

시베리아 나무

시베리아의 오아시스

시베리아 허허벌판 도로 가에는 허름한 카페가 드문드문 서 있다. 이 카페들은 작은 구멍가게와 식당을 겸하고 있어 마을 사람들의 사랑방 노릇은 물론 지나가는 대형 트럭 운전사들의 휴식을 책임지고 있다.

날이 어둑해지던 차에 발견한 카페에 들어서니 빈 보드카 병이 널브러져 있는 테이블과 그 병의 주인이라는 것을 단번에 알 수 있는 무표정한 마을 할아버지들이 보인다. 그들은 하나같이 영화 속 정지 화면의 모습으로 우리를 쳐다보고 있다. 풍채 좋은 주인아주머니가 등짝이 시베리아 곰보다 커 보이는 트럭 운전사에게 음식을 가져다주고 있다.

“여기 마당에서 하룻밤 지내도 안전합니까?”

박 여사의 팬터마임을 완전히 이해했는지는 몰라도 주인아주머니와 손님들은 연신 아무 문제 없다는 팬터마임으로 화답한다. 우리는 누가 들어도 알지 못할 우리말을 속삭이듯 이야기한다.

"여기 마당에서 자도 된다 하니 오늘은 카페 주차장에서 자볼까?"

"아버지, 여기는 쫌 스산함더. 그냥 밥만 먹고 쫌 더 가봅시다. 어제처럼 파출소에 가서 자던지요."

우리에 앞서 시베리아를 여행했던 사람들이 남긴 숙소 자료는 도시 호텔에 관한 정보뿐이었다. 고로 우리는 시베리아 정박지에 대한 정보가 전무하다. 무엇인가에 이끌려 간 한인교회에서의 정박 이후로 블라디보스토크 영사님이 주신 서류를 들이밀며 파출소, 소방서 같은 곳에서 밤을 보내며 여기까지 왔다. 길거리 카페를 이용하면 굳이 도로에서 적지 않게 떨어져 있는 마을까지 갈 필요도 없거니와, 낯선 곳에서 목적지를 찾아낸 후 그곳에서 정박해도 되느냐는 몸짓을 하지 않아도 되는데 말이다. 그러나 여전히 우리는 카페에서의 정박이 무서웠다.

시베리아 고원지대에 자리한 벨로고르스크에서 네르친스크까지 1000여 킬로미터의 구간은 오토바이 여행객이건 자동차 여행객이건 쉬지 않고 달리는 구간으로 유명하다. 실제로 있었던 몇 번의 관광객 살인 사건과 마약상에 관한 이야기, '전설의 고향'과 같은 괴담들이 회자되고 있는 구간이기 때문이다. 여행객들은 그 구간을 '절대 내려서는 안 되는 마의 구간'이라고 불렀다. 그러나 우리 가족은 그 마의 구간에서 내렸다. '안 접해보고 어떻게 알아?'라는 개척자의 마음이 아니었다. 그저 무탈이의 하루 운행 한계치인 300여 킬로미터를 열심히 달린 결과, 마의 구간에 속한 마그다가치라는 마을에 도착한 것뿐이다.

풍문에 의하면 이 마을을 지나면 600킬로미터 가까이 주유소와 휴게소, 민가가 없다고 한다. 그게 사실이라면 우리는 이곳에서 비상 기름과 비상

식량을 구해야 한다. 우리는 이 마을의 이름도, 풍경도 처음 접한다. 하지만 이 마을에 대한 편협한 지식은 있다. 마의 구간에 있는 무서운 마을이라는 지식. 때문에 길거리는커녕 카페에서도 정박할 엄두가 나질 않는다.

"아버지 우짜는교? 지도에 나온 호텔은 문을 닫았고…. 앞으로 600킬로미터 정도는 아무것도 없다는데…."

우리 가족이 이러지도 못하고 저러지도 못한 채 폐업된 호텔 주변을 서성이고 있을 때, 한 사내가 다가와 숙소를 찾느냐고 묻는다. 우리가 그렇다고 답하자 그가 자기 차를 따라오란다. 우리는 지푸라기라도 잡는 심정으로 사내를 따라나선다. 그가 골목골목에 자리한 정체불명의 집들에 들어갔다 나오기를 여러 차례.

"우리 마을에서 숙박업을 하는 집들인데… 빈방이 없답니다. 우리 집에 갑시다!"

"예? 당신 집이요?… 잠시만… 가족과 이야기를…."

아이들에게 러시아인의 사람살이를 보여줄 수 있는 좋은 기회다. 10여 일째 제대로 씻지도 못하고 있는 가족이 편하게 쉴 수 있는 기회다. 그리고 무엇보다 처음 보는 여행객에게 한 사람이 베푸는 호의다. 그러나 선입견이 발목을 잡는다.

"죄송합니다. 다음 마을에서 호텔을 찾아…."

"마을이 없는데…."

"그게, 그러니까…."

우리는 초대 고맙다, 그러나 미안하다를 반복하며 도망치듯 사내와 멀어진다. 무엇이 우리 가족으로 하여금 한 사람의 호의를 의심하게 만들었을까…. 처음 보는 우리에게 숙소를 찾아주려 동분서주하는 사내의 모습을 가족 모두가 보았다. 빈방이 없다는 안타까움에 자기 집으로 초대하려는 그의 마음도 보았다. 하지만 감사한 마음보다 잘못된 지식에서 오는 불안이 더 컸다. 지식을 알고 있다는 것은 좋은 일이다. 그러나 잘못 알고 있다면 모르는 것보다 못한 일이다. 우리 가족 모두는 알고 있었다. 지금 우리가 잘못된 지식을 가지고 있다는 것을.

우리는 다소 무거운 마음으로 마을 입구에 있는 작은 슈퍼마켓에 들러 비상식량을 챙기고 주유소에 들러 빈 석유통, 빈 생수통에 기름을 가득 채워 넣은 후 다시 시베리아로 나섰다.

"아버지, 아까 그 아저씨 집에 가기 싫다 해서 죄송합니더. 시베리아 벌판에서 자도 됩니더. 걱정 마이소. 그리고… 그 아저씨 나쁜 사람 같아 보이지는 않았습더."

"아니다. 아버지가 경험하지도 않은 일을 사실처럼 이야기한 탓에 너희가 겁을 먹은 것이다. 아버지 탓이다. 그 아저씨 참 고마운 사람 맞다."

오늘 어디까지 가야 될지, 간다고 정박지가 있을지… 알지 못한다. 우리는 암담한 마음으로 들어가면 안 된다고 알려져 있는 시베리아 숲으로 대책 없이 들어선다. 그런데 얼마 지나지 않아 차 안 공기가 들썩이기 시작한다. 시베리아의 어둠 속에서 신기루 같은 건물이 보였기 때문이다.

"아버지 저 앞에 카페가 있심더. 와, 좋아 보입니더!"

"어, 숙소도 있는 것 같심더!"

여태껏 정박하기를 망설였던 여느 카페와는 다른 분위기에 가족 모두가 들뜬다. 박 여사와 아이들이 카페 탐색을 나간 사이, 아버지는 이웃해 있던 트럭 운전사에게 말을 걸어본다.

"여기 주차해도 안전합니까?"

영어를 잘하지 못하는 아버지보다 영어를 더 못하는 젊은 트럭 운전사가 여기 말고도 러시아의 모든 카페는 안전하다, 지금은 한산하지만 깊은 밤이 되면 주차장에 트럭이 가득하다, 시베리아 횡단 트럭 운전사들은 매일 카페에서 잔다, 아무 문제 없다, 라고 말한다. 그렇다면 지금껏 우리가 정박하지 않았던 카페의 주차장도 밤이 되면 시베리아 횡단 트럭을 모는 수많은 운전사들이 편하게 잠을 청하던 곳이었다는 이야기다. 정찰을 나갔던 가족이 축구 결승전에서 역전골을 넣은 선수들처럼 부둥켜안은 채 달려온다. 얼굴이 상기된 박 여사 왈,

"샤워 돼요, 샤워! 저 옆에 작은 건물 보이지요? 3000원 정도면 샤워 돼요! 깨끗해요! 세탁기도 있어요! 이제 살았심더!"

어머니의 말씀이 끝나기를 기다리던 막내 진우 왈,

“아버지 완전 죽임더! 숙소에 가서 예약하고 왔심더! 침대가 아주 뽀송뽀송함더! 여기는 오아시스임더! 오아시스!”

보고의 순서를 기다리고 있던 진영이도 흥분을 가라앉히지 못한다.

“아버지, 식당이 뷔페입니더, 뷔페! 뭘 시켜야 될지 걱정 안 해도 됨더!”

가족의 마음이 지옥에서 천당으로 옮겨가는 데 걸린 시간은 10여 분이 채 되지 않는다. 그 천당으로 우리를 이끌어준 오아시스의 이름은 바로 777카페다. (구글 지도 : N53 31 17.7 E125 40 38.9)

이제껏 보았던 카페보다 시설이 낫다는 것은 사실이다. 그러나 그동안 무서워서 마주하지 못했던 카페에도 샤워 시설이 있었을지 모른다. 밤이 되면 많은 차량들이 편안하게 정박했을지도 모른다. 이제껏 많은 오아시스가 있었지만 편협한 시각을 가진 우리 가족이 더러운 물이라 단정 짓고 마셔보지도 않았다. 잘못한 일이다. 이제야 이런 생각을 할 수 있는 것은 조금 전 마주한 이름 모를 러시아 사람의 호의가 우리 가족의 잘못된 인식을 벗겨주었기 때문이다. 왜곡된 지식은 차라리 없는 게 더 낫다는 것을 가르쳐준 이름 모를 마그다가치의 아저씨, 감사합니다!

여행 전 약 한 달, 여행 후 10여 일은 두려움의 연속이었다. 오늘에야 그 두려움을 내려놓고 박 여사와 보드카 한 잔을 기울인다. 시베리아의 밤하늘이 이렇게 아름다운 줄 몰랐다. 시베리아의 밤하늘에 이렇게 별이 많은지 몰랐다.

Photo Essay 진우

'오늘 점심은 뭘 먹을까?'가 큰 걱정이다. 말이 안 통하기 때문이다. 그렇기 때문에 온갖 소리와 몸짓, 눈빛으로 먹고 싶은 걸 전달해야 된다. 오늘 점심은 닭다리로 결정했다. 이제 행동으로 나설 때다.

1. 닭다리를 그린다. (최대한 섬세하게). 그림이 통하지 않았을 때는 2번을 시행한다.
2. 닭처럼 소리를 낸다. 꼬끼옥~! 꼬꼬! 소리를 듣고도 갸우뚱한다면 당황하지 말고 마지막 3번을 시행한다.
3. 쫙 편 왼손을 머리 위에, 쫙 편 오른손을 엉덩이에 댄 다음 닭 흉내를 낸다. 그리고 자신의 허벅지를 가리키면 끝! (참고 : 3번을 시행할 때는 2번도 같이 시행하는 게 좋다.)

주인아주머니께서 웃으시며 닭다리를 주신다.

오늘 점심도 감사히 잘 먹겠습니다!

우리 사람

휴식은 몸이 쉬는 것이 아니라 마음이 쉬는 것이다, 라는 교훈을 준 하루가 지난 다음 날 아침.

"다음 카페까지 얼마나 가야 합니까?"

풍문을 확인하기 위해 트럭 운전사에게 정보를 물었다.

"800킬로미터요."

"예? 그 사이에 주유소나 카페는 없습니까?"

"없습니다. 길거리 주유소가 있긴 하지만 주유하면 안 됩니다."

가짜 기름을 파는 상인들이 있으니 조심하라는 충고다. 사실 기름보다 걱정되는 건 따로 있었다. 과연 무탈이가, 그리고 무탈이 운전사가 그 거리를 견딜 수 있을까?

"천천히 갑시다. 우리는 어차피 그 거리를 하루에 다 못 갑니다. 길거리에서 정박하면 됩니다. 먹을 것 있고, 기름 여분 있고, 가족 전부 같이 있고… 뭐 걱정인교? 소풍 갑시다, 시베리아로!"

마의 구간이 마약 소굴이라고 걱정하던 박 여사의 두려움이 이곳에 대한 편견과 함께 말끔히 사라졌다. 그곳으로 소풍을 가자실 정도로.

끝없는 시베리아! 가도 가도 끝이 없는 자작나무의 바다, 한눈에 다 담을 수 없는 크기의 지평선, 비행기 운전석에서나 볼 수 있을 것 같은 크기의 하늘을 우리는 무탈이 안에서 보고 있다.

"아버지, 지평선이 쫌 둥글게 보임더."

착시 현상인지 실제 그런 것인지 몰라도 광활한 지평선이 지구본의 그것처럼 둥글다. 아지랑이가 피어 있는 도로는 그 끝을 가늠하기가 어렵고, 아지랑이를 뚫고 마주 오는 자동차와의 거리도 가늠하기가 어렵다. 편견을 걷어낸 맑은 눈으로 시베리아를 바라보고 있는 가족 모두 말이 없다.

브레이크 한 번 밟지 않고, 핸들 한 번 돌리지 않은 지 3시간. 드디어 점심을 짓기 위해 도로 옆 공터에 무탈이를 세운다. 그렇게 몇 분이 지났을까? 반대 차선에서 달려오던 승합차가 급정거한다. 그 차의 조수석에서 내린 동양인이 중앙선을 넘어 우리에게 다가온다.

"반갑습네다! 우리 사람이구만유?"

우리 사람? 북한 동포다! 상대가 먼저 손을 내민다. 그 손의 온기를 느끼고, 다시 놓을 때까지도 멍하다. 눈망울이 유난히 순하게 생긴 북한 동포가 말을 잇는다.

"차에 남조선 국기가 보이고, 뛰어놀고 있는 아이들이 우리 사람 같아서 반가워서 들렀수다."

그가 시베리아 도로 공사 노동자로 러시아에 와 있다고 자기소개를 하는데도 우리 가족은 헛것을 본 표정으로 말이 없다.

"남조선 사람이 여기는 어케 왔수? 아, 여행? 유럽 가나 보기요?"

말 한마디 못 하고 얼어붙어 있는 우리 가족 대신 무탈이 외부에 붙어 있는 지도로 상황을 파악한 북한 동포가 승합차를 향해 외친다.

"남조선 사람들이 이 차로 유럽까지 간단다. 가족이야!"

소리가 도착한 승합차를 보니 처음에는 보지 못했던 서너 명의 북한 동포가 보인다.

"러시아 감독관이 기다리고 있어 그만 가겠습네다. 여행 잘 하기요!"

돌아서는 북한 동포에게 아버지가 들릴 듯 말 듯 말한다.

"저 밥이라도…."

"잠깐만요!"

갑자기 박 여사가 무탈이 안으로 들어가 인스턴트커피, 과자 등 먹을거리를 한가득 안고 허겁지겁 뛰어나온다. 그러고는 안 받는다고 손사래를 치는 북한 동포들의 차 안에 그것들을 던져 넣는다. 우리는 시베리아 벌판의 아지랑이 속으로 들어간 승합차가 완전히 사라질 때까지 손을 흔든다.

우리 사람! 아무 일도 없었다. 아무 말도 나누지 못했다. 그런데 가슴이 먹먹하다. 우리 사람! 계속 입에서 맴돈다. 여전히 손이 따뜻하다.

우리 아이들은 북한 사람을 처음 봤다며 흥분을 감추지 못한다.

"그런데 아버지, 북한 사람 만나도 돼요?"

우리 아이들이 가지고 있는 이 의구심은 도대체 어디서 온 것일까? 아버지가 어린 시절 알고 있던 북한 사람은 머리에 뿔이 나고 긴 송곳니를 가진 괴물이었다. 그것에 비하면 요즘의 북한 사람은 만나면 안 될 것 같은

'사람'이 되었으니 다행이다.

우리 가족이 진정한 유라시아대륙을 일주하려면 북한을 통과했어야 한다. 우리나라가 변방의 섬이 아니라 대륙의 출발점이고, 바퀴를 굴려 유럽 끝까지 갈 수 있는 대륙이라는 것을 보여주려면 북한을 통과했어야 한다. 경부고속도로에 있는 신 실크로드 아시안 하이웨이(AH 1) 표지판이 교통 표지판 행색을 하려면 북한을 통과했어야 한다. 또한 시베리아 횡단철도(TSR)가 한반도를 아우르려면 북한을 거쳐야 하는 게 상식이다. 정부가 말하는 유라시아 이니셔티브(Eurasia Initiative, 유라시아대륙을 하나의 경제공동체로 묶은 후, 북한에 대한 개방을 유도해 한반도의 평화를 구축하는 방안)를 실현하려면 북한과의 교류는 필수다.

북한 통과라는 거대 담론을 일개 가족이 어찌할 수 없는 일인 줄 알면서도, 답이 뻔하다는 것을 알면서도 혹시나 우리 가족의 작은 일이 남북이 전화라도 한 통 할 수 있게 되는 계기가 되지 않을까, 하는 세상 물정 모르는 우매한 생각과, 통일 시대를 살아야 하는 우리 아이들에게 이 문제를 직접 부딪쳐보게 하기 위해 지난 1년 여 동안 두 곳의 대북 민간단체, 북한 교류가 있는 두 곳의 종교단체를 어렵게 만났고, 통일부에도 편지를 드렸었다. 하지만 돌아오는 대답은 한결같았다.

"안, 돼, 요!!"

남북은 이혼 직전의 부부 같다. 이 상태로 매일 싸움하시면서 사실지, 다시 화해하시고 한 이불 덮고 주무실지는 모르겠지만 아이들 보는 데서 쌍욕은 안 하고 사셨으면 좋겠다.

아버지,
고수를 만나다

치타를 지나 브리야트 공화국의 수도 울란우데까지 가는 길은 비포장도로의 연속이었다. 덕분에 자동차 선반 위의 스마트폰과 디지털카메라는 이미 사망하셨고, 초짜 목수인 아버지가 만든 가구 또한 온전한 것이 없다. 무탈이 배터리의 연결부 볼트에 유격이 생겨 시동이 안 걸리는 정도는 감사한 일이다. 교량의 끝 부분과 도로의 높이 차이가 제공하는 가공할 만한 충격과 아스팔트 보수를 위해 파놓기만 하고 방치한 구멍으로 떨어졌다 올라올 때의 묵직한 충격을 견뎌내는 열두 살 무탈이가 기특할 뿐이다. 운전석과 조수석 사이의 보조 의자가 지정석인 막내 진우의 한마디.

"아버지, 엉덩이에 감각이 없어요. 쫌 쉬다 갑시다!"

드디어 블라디보스토크에서 출발한 무탈이가 시베리아 위를 4000여 킬로미터 달려 울란우데에 도착한다. 울란우데는 바이칼호수를 보러 오는 여행객들과 시베리아 횡단열차를 타려는 사람들로 정신없이 붐비는 국제도시다. 젊은 배낭여행객들과 어울릴 수 있는 기회를 만들기 위해 여행 후 처음으로 주차 가능한 게스트하우스에 짐을 푼다. 자기 집을 옆에 두고 남의 집에서 잔다, 돈 내고.

"아버지, 나와보세요. 7년 동안 자전거로 여행한 가족이 왔심더."

오랜만에 느껴보는 안락함에 반쯤 누워 있는 아버지를 진영이가 화급히 부른다.

"7년 동안? 가족과?"

진영이에게 이끌려 밖으로 나와보니 예사롭지 않는 2인용 자전거가 눈에 들어온다. 짐을 싣는 곳에 묶여 있는 어린이용 시트, 그 뒤에 매달려 있는 단출한 살림살이. 아이들에게 자전거를 설명하고 있던 주인장이 뒤늦게 나타난 아버지에게 반갑다며 손을 내민다. 내공이 느껴지는 친구다.

"와, 대단하십니다. 7년간 여행 중이시라고요? 왜요?"

"새로운 나라, 새로운 사람들, 색다른 삶, 그리고 서로의 차이를 알기 위해서입니다."

이렇게 멋진 대답을 한 사람은 '마일이'의 아버지다. 그는 올해 서른다섯이 된 아르헨티나 사람으로, 인도 여행 중 마일이를 낳았고, 그 아이가 4살이 된 지금도 가족과 함께 여행 중이다. 더 놀라운 사실은 현재 마일이 어머니의 배 속에 둘째 아이가 자라고 있다는 사실이다.

"경비는 어떻게 마련하십니까?"

"지난 7년 동안 돈이 떨어지면 일을 했고, 돈이 생기면 다시 자전거에 온 가족이 올라타 여행을 했습니다."

성직자 같은 단아함을 가진 이 친구에게 머리가 숙여진다. 이 친구의 기이한 여행 이야기 때문이 아니다. 가족을 대하는 자세 때문이다. 그의 노고를 다 상상할 수는 없지만 가족을 뒤에 태우고 이동하는 아버지의 두려움은 알고 있다. 정말 힘든 여정이었을 것이다. 본인도 피곤했을 것이다. 짜증도 났을 것이다. 그런데 이 친구, 부처님 얼굴로 가족을 대한다. 어린 아들을 다이르는 얼굴이 부처의 얼굴이다. 부인을 만지는 손끝이 부처의 손길이다. 남들에게 보이기 위한 거짓 행동이 아니다. 가족을 대하는 일거수일투족이 마음에서 우러난다는 게 느껴진다.

이 친구, 아버지 자신을 돌아보게 한 감사한 친구다. 아버지가 가족을 어떤 마음으로 돌봐야 하는지 진지하게 고민하게 한 선배다. 힘들었던 지금까지의 여정에서 아버지의 짜증을 받아준 가족들에게 미안하고도 고맙다는 생각을 하게 한 선생이다. 아이들의 교육을 염두에 두고 간 게스트하우스에서 오히려 아버지가 멋진 내공의 고수를 만나 한 수 크게 배웠다.

다음 날, 마일이의 가족들이 아침부터 분주하다. 주로 텐트에서 잠을 잤을 돈 없는 여행객이 게스트하우스를 이용했으니 마냥 늘어져 있고 싶을 텐데 이 친구, 아침 일찍부터 출발 준비에 여념이 없다. 여행 초보인 아버지가 따라갈 수 있는 수준이 아니다. 그가 무탈이를 둘러본 후 우리 가족의 여행을 한껏 추켜세우더니 무탈이 외부에 응원 메시지를 쓰고 싶다며 매직펜을 달란다. '파이팅, 빼빼가족!' 이런 걸 쓸 줄 알았는데 그림을 그린다. 산과 나무를, 그리고 그 위에 자전거를 타고 달리는 세 식구를 그린다. 그리고 그 아래에 이름 모를 문양들을 그린다.

"무슨 뜻입니까?"

AH6
AH1

대륙횡단

"뭔가 스러지고 나서야 새로운 것이 다가온다는 뜻이에요."

"언제까지 여행할 겁니까?"

"아직 배울 것이 많아서…."

여행이 이 친구를 이렇게 만들었는지, 이 친구가 여행을 이렇게 만들어가고 있는 것인지 궁금하다. 마일이 아버지는 우리 아이들에게 여행의 중요성을 열심히 설명한 뒤 나중에 꼭 연락하라며 이메일 주소까지 적어주고 길을 나선다. 2인용 자전거의 운전대를 잡은 아버지, 뒷자리의 어머니, 그리고 그 뒤에 앉은 마일이가 자꾸만 뒤를 돌아본다.

제발,
바이칼호수까지만!

이 여행을 준비하면서 출발의 어려움이 생길 때마다 한 말.

"제발 바이칼까지만!"

이 여행을 포기해야 할 상황이 발생할 때마다 외친 말.

"제발 바이칼까지만!"

시베리아 벌판의 험로를 지나며 어려움에 봉착할 때마다 기도한 말.

"제발 바이칼까지만!"

시베리아 벌판에서 아이들 왈,

"아버지, 머리가 너무 지저분합니다. 머리 좀 깎고 갑시다."

"바이칼 가서 깎자."

"우리 숯불 피워서 고기 한번 구워 먹고 갑시다."

"바이칼 가서 먹자."

"도대체 언제 바이칼에 도착하는데요?"

"…."

인문학적·지리학적·역사학적 바이칼호수는 모른다. 하지만 이곳이 언제부턴가 우리 가족에게는 도달하고픈 욕망의 이상향이 되어버렸다. 출발의 어려움으로 가족의 얼굴에 수심이 가득할 때도, 처음 접하는 이국의 문화 차이로 갈피를 잡지 못할 때도, 처음 겪는 시베리아의 숲이 두려워 가족 모두가 잠을 못 이룰 때도 바이칼호수까지만 가면 된다며 서로를 다독였다.

그 바이칼호수 앞에 가족이 서 있다.

그리도 되뇌고 되뇌던 바이칼호수가 눈앞에 있다.

어디가 물이고 어디가 하늘인지 분간할 수 없는 바이칼호수가 우리를 바라본다.

사방 천지가 불타는 듯한 장엄한 바이칼호수의 붉은 석양을 온 가족이 함께 느끼고 있다.

가족 모두의 눈가가 붉다.

참 아름답다 바이칼호

바이칼호수의 인심

장엄하기까지 한 바이칼호수의 석양을 뒤로하고 정박할 곳을 찾기 위해 잠시 쉬고 있던 무탈이를 깨운다. 그런데 무탈이의 바퀴가 헛돈다. 다시 한 번 액셀러레이터를 밟아보지만 마찬가지다. 넓디넓은 황량한 모래밭에 바퀴가 빠진 모양이다. 해가 지고 있다. 뭔가 방도를 찾아야 한다. 사방 천지에 도움을 청할 사람은 멀리 보이는 한 무리의 어부들뿐이다. 그러나 그 어부들, 흉가와 다름없는 공동 작업장 벽에 기대어 한 손에 보드카 병을 든 채 험악한 분위기를 풍기고 계신다.

"아버지! 아버지! 저 아저씨들이 이쪽으로 옵니더!"

진영이의 시선을 따라가자 손에 널빤지를 든 네다섯 명의 어부들이 보인다. 무뚝뚝한 표정으로 다가온 어부들은 아무 말 없이 무탈이 바퀴 앞의 흙을 맨손으로 걷어내고 그곳에 널빤지를 깐다. 그러고는 아버지더러 차에

타란다. 시키는 대로 하자 어부들이 무탈이를 밀기 시작한다. 어부들의 수신호를 받은 진우가 소리친다.

"아버지! 앞으로! 앞으로!"

드디어 헛돌기만 하던 무탈이의 바퀴가 제 궤도를 찾는다.

"와!!!"

시베리아에서 편협한 시각의 옳지 못함을 배운 아이들이 바이칼호수에서 또 배운다. 어부들은 사람의 외모와 겉치레로 나쁜 사람, 좋은 사람을 판단하지 말라는 것을 가르치러 온 선생님들이시다. 아이들이 입을 모아 "쓰바씨바(감사합니다)!"를 외친다. 인사하는 아이들의 머리를 쓰다듬던 어부가 이곳이 바이칼호수 최고의 석양을 볼 수 있는 곳이고, 충분히 안전한 곳이니 여기에 정박하라는 보디랭귀지를 펼치신다.

“예, 고맙습니다. 여기에 정박하겠습니다.”

오늘 우리 집 마당은 석양에 불타는 바이칼호수고, 우리 옆집은 바이칼호수처럼 넓은 마음을 가진 어부들의 집이다. (구글 지도 : N52 03 01.7 E106 12 27.3)

감사한 마음에 우리가 가진 최고의 재산, 한국산 라면과 인근 도시에서 사 온 수박을 가지고 옆집을 찾아간다. 폐기차, 낡은 군용 트럭, 창고 등을 ‘ㄷ’자 형태로 둘러 세운 공동 작업장 마당에 모여 있던 스무 명 남짓의 어부들이 우리를 반갑게 맞아주신다. 모닥불 앞에서 요리를 하고 있던 어부에게 다윤이가 라면 조리법을 설명하는 동안 한쪽에선 어부들이 진영이와 진우에게 연신 무엇인가를 물으신다. 아마도 이런 이야기인 듯싶다.

“학교는 어떻게 하고? 안 힘드나?”

언어가 안 통하면 정확한 의사소통이 어렵다. 하지만 눈빛과 손끝의 움직임으로 마음은 더 잘 전달될 수 있다는 것을 몇 차례의 경험으로 알고 있다. 인사도 했으니 이제 4평의 작은 집으로 가기 위해 돌아서려는데, 갑자기 어부들이 우리를 불러 세운다. 그러곤 우리의 손에 판매를 위해 잡아 놓은 생선을 한가득 쥐여주신다. 스무 명 가까운 사람들의 노력의 대가이자 공동으로 분배해야 하는 재산을 너무 많이 주신다.

날이 저문 뒤, 젊은 어부 세 명이 우리 집을 찾아왔다. 바이칼호수의 어부와 한잔하는 영광을 누리게 된 것이다. 안주로 무얼 드리는 게 좋을까 궁리하던 박 여사가 도시에서 사 온 닭을 삶으려 준비한다. 어부들 중 한 명이 묻는다.

"한국 겁니까?"

"아니요. 러시아 도시에서 사 온 겁니다."

"여기 사람들은 그거 안 먹습니다. 페니실린… 아메리카… #$%@#…."

그는 병아리에 주사를 놓는 시늉을 하며 손사래를 친다. 여기 사람들은 하늘에 날아다니는 것을 총으로 사냥해 먹는다고 한다. 세속의 이야기를 많이 알고 있는 친구가 어떻게 여기까지 와 바이칼호수의 어부가 되었을까? 궁금하지만 알 길은 없다. 그가 술잔에 손가락을 살짝 담갔다 뺀 후 바이칼호수에 한 번, 땅에 한 번, 하늘에 한 번 튕긴다. 마지막 잔을 비울 때까지 그것을 매번 행한다. 아마도 자연의 위대함을 기리기 위한 의식일 것이다. 바이칼호수에 다시 와야 하는 이유가 생겼다. 자연을 경배하고 자연에 감사할 줄 아는 이름 모를 어부와 별이 쏟아지는 칠흑 같은 바이칼호숫가에 앉아 모닥불 위의 '오물(omul, 연어과 생선)'을 안주 삼아 보드카를 기울이고 싶기 때문이다.

다음 날 아침, 부산한 소리에 밖으로 나가보니 어부들이 우리 집 마당에서 오물을 잡기 위해 그물을 내리고 계신다. 작은 모터배가 큰 원을 그리며 그물을 내리면 그 그물을 기계의 힘과 사람의 힘으로 다시 끌어들이는 형태의 어로 방식이다. 그물이 육지 쪽으로 가까이 다가오면 어부들이 차디찬 바이칼호수에 들어가서 맨손으로 오물을 잡아 상자에 담는다. 6월이 다 끝나간다. 한국은 초여름 날씨일 테지만 이곳 바이칼호수의 어부들을 바라보고 있는 우리 아이들은 한겨울을 맞은 아이들처럼 오리털 점퍼 위에 담요까지 뒤집어쓰고 있다. 바이칼호수에서 고기를 잡아 올리고 있는 어부의 맨손이 새파랗다. 그 손으로 잡아 올린 어획량은 사과 상자 크기의 나무 상자 세 박스. 어제 우리에게 주셨던 오물은 저 차디찬 호수에서 건져 올린 세 박스의 오물 중, 반 박스나 되는 양이었다.

쓸데 있는 것,
쓸데없는 것

바이칼호수 옆 작은 도시, 리스트비앙카는 관광객 천지다. 바이칼호수 안쪽의 유명한 섬들과 이름난 곳으로 이동하는 교통수단이 이곳에 있기 때문이다. 이곳에 오려고 그리도 고생했는데 우리나라 좋은 경치, 유명 관광지에 있는 풍광 그대로다. 바이칼호수는 보이지 않고 세계 각지에서 몰려온 사람들의 뒤통수만 보인다. 무탈이를 정박할 곳도 마땅찮다. 사실 우리 가족이 바이칼호수까지만, 바이칼호수까지만 했던 곳이 바로 여기 리스트비앙카다. 유라시아대륙 횡단의 첫 베이스캠프로 휴식과 물품 정리, 제2캠프로 정한 프랑스 파리까지 가기 위한 준비를 이곳에서 하자고 계획했던 것이다. 우리도 바이칼호수, 하면 리스트비앙카라고 인지할 정도였으니 얼마나 많은 관광객들이 이곳에 있었겠는가.

우리 집에서 더듬이가 제일 발달한 박 여사가 정찰을 갔다 온 후 말한다.

"저쪽으로 가봐요. 정박 공간이 있을 것 같아요."

관광객이 뜸한 호숫가 끝에 공장 부지와 작업장이 보인다. (구글 지도 : N51 50 28.7 E104 52 48.9) 그리고 그 옆으로 공터가 보인다. 역시 박 여사! 베이스캠프로 딱이다. 우리는 작업 중인 인부들에게 무작정 물어본다.

"여기 들어가도 됩니까?"

"관광객이 주차하는 곳이 아닌데… 아이들도 있고 하니 하루에 100루블만 주쇼."

이렇게 우리는 첫 베이스캠프에 무사히 안착한다. 이 여행이 캠핑 여행인 줄 알고 한국 음식 몇 개 빼고 넣어온 캠핑용 그늘막과 대형 텐트를 처음으로 펼쳐본다. 시베리아 여행 중 우아하게 자작나무를 바라보며 커피 한 잔 할 수 있으리란 생각에 그릇 몇 개 빼고 넣어 온 원두커피를 처음으로 갈아본다.

"아버지 이런 것들을 왜 챙겨 오셨는교?"

"그래 말이다…. 그러는 너거는 축구공은 와 가지고 왔노?"

"쓸데 있는 줄 알았죠!"

아버지의 원두커피와 아이들의 축구공은 시베리아 여행에 쓸데없는 물건이었다. 그러나 여행 전에는 분명 쓸데 있는 것이었다. 쓸데없는 것과 쓸데 있는 것의 차이는 지극히 주관적인 경험에서 나온다. 그런데 아버지는 아이들에게 '쓸데없는 짓 하지 마라!'라는 말을 참 많이도 하고 살았다. 아버지 삶의 경험에서 나왔던 좋지 않았던 결과들을 아이들이 반복하지 않았으면 하는 마음에서 한 말이었지만 결론적으로는 아이들이 경험해보지도 않은 일을 '틀렸다!'라고 말한 것이었다. 아버지의 삶과 아이들의 삶은 환경적, 물리적으로 일치하는 것이 없으니 경험도 다르게 적용될 것이라는

www.ppeppe.net
KOREA
Кореи→Европу

걸 간과하고 살았다. 4평의 좁은 공간에서 매일 같은 것을 보며 생활하지만 소소한 물건 하나에도 쓸데 있다와 쓸데없다가 갈린다. 아이들의 삶은 아이들의 것이다. 넘어지는 경험도 아이들의 자산이다. 아이들 삶의 자산을 뺏을 권한이 아버지에게는 없다.

한국에서 꾸려온 세간을 전부 들어낸다. 시베리아의 경험으로 쓸데 있는 것과 쓸데없는 것을 분리하여 쓸데 있는 것은 다시 집으로 들어간다. 그리고 쓸데 있다고 생각하며 한국에서 여기까지 신줏단지 모시듯 가지고 온 많은 것들이 쓰레기통으로 들어간다.

짐이 줄어 가벼워진 무탈이가 움직인다. 우리에게 풍요로움을 안겨준 바이칼호수를 떠나야 한다. '성스러운 바다' '시베리아의 푸른 눈' '시베리아의 진주' 등으로 불리는 바이칼호수! 지구상의 얼지 않는 민물의 20퍼센트를 담고 있는 바이칼호수! 우리나라 면적의 3분의 1 크기의 바이칼호수!

하지만 바이칼호수는 해발 450미터에 위치한 그냥 큰 호수다. 주변에 볼 것이 하나도 없는 그냥 관광지다. 관광객만 넘실대는 그냥 큰 호수다. 그런데 시베리아를 넘어온 우리 가족에게는 그 어느 곳보다 특별한 곳이다.

붉게 타오르는 아름다운 바이칼호수를 가족과 함께 보았다. 잿빛의 고요한 바이칼호수를 가족과 함께 보았다. 암흑색의 격랑을 일으키는 무서운 바이칼호수를 가족과 함께 보았다. 여행은 보는 것이 아니라 느끼는 것이라 가르쳐준 바이칼호수에 가족 모두가 또 오고 싶어 한다. 분명 이 신비로운 바이칼호수가 도술을 부려 우리 가족을 이곳에 다시 데려다놓을 것이다.

Photo Essay 다윤

"다윤아, 엄마 머리 쫌 깍아줘라."

"네!"

"다윤아 짧고 예쁘게 깍아줘야 한다!"

"네!"

시베리아에서 쌓였던 스트레스를 어머니에게 제대로 풀었다. 한참을 기분 내키는 대로, 가슴이 뻥 뚫릴 정도로 신나게 가위질을 하다 보니 어머니 머리가 휴전선을 넘어온 북한 탈영병의 스타일로 변해 버렸다. 할 수 없이 어머니에게 손거울을 전달하고 줄행랑을 쳤다.

"다윤아~~~! 야, 이 가시나야~~~! 인자 우짜노~~~오!"

시베리아에 오십시오!

바이칼호수를 기점으로 동쪽의 시베리아는 해발 약 500미터에서 1500미터 정도의 고원지대다. 고원지대는 특성상 오르막과 내리막이 많다. 반면에 바이칼호수에서 우랄산맥까지의 서쪽 시베리아는 해발 약 100미터에서 200미터 정도의 대평원이자 습지대다. 산이 보이지 않는 지형이라 차창 밖의 좌우 풍경이 한결같다. 차창 밖 전방의 모습과 무탈이 백미러에 비친 풍경도 똑같다. 지나온 길을 또 지나고 있는 것은 아닌가, 하는 착각이 들 정도다. 다행히 잊을 만하면 나타나는 비포장도로와 공사 구간이 이정표 역할을 해준다.

서쪽 시베리아 대평원에는 이름이 꽤 알려진 큰 도시가 많다. 그 도시 속으로 들어간 아이들이 질문이 많아졌다.

크라스노야르스크에서 예니세이 강을 막아 만든 세계에서 다섯 번째로

큰 수력발전소에서,

"아버지, 저 정도의 댐을 지으려면 레미콘 몇 대가 필요해요?"

크라스노야르스크의 고색창연한 도심에 서 있는 우리나라 나로호의 조형물을 보고,

"아버지, 나로호 발사 로켓이 왜 여기에 있어요?"

크라스노야르스크에서 노보시비르스크 사이, 그 수백 킬로미터에 걸쳐 펼쳐져 있는 해바라기를 보며,

"아버지, 꽃을 왜 이렇게 많이 심었대요?"

노보시비르스크 도심의 거대한 레닌 동상을 보고,

"아버지, 레닌은 나쁜 사람 아닌가요?"

노보시비르스크에 있는 아름다운 발레 전용 극장을 보고,

"아버지, 러시아 사람들은 형편이 어려워 보이는데 발레 극장이 왜 이렇게 크고 많아요?"

….

질문이 어렵다.

24시간 붙어 있는 가족이지만 그래도 대화의 시간은 있어야 한다고 생각한다. 같이 있는 것과 이야기를 나누는 것은 다르기 때문이다. 부모에게 있어 아이들과의 대화는 필수요소, 하기 싫어도 시간을 내어 해야 하는 의무사항이다.

그러나 우리 아이들 나이대의 질문이 제일 답하기 어렵다. 지금보다 조금 어릴 때의 질문은 아버지의 경험으로 대답이 가능했다. 그리고 지금보다 조금 더 크면 너희가 알아보라고 하면 된다. 하지만 지금은…? 어렵다. 뭐, 아버지라고 다 알겠는가? 아버지가 무슨 인터넷 포털도 아니고…. 그런

데 대답은 해야 한다. 답을 모르면 모른다 말하며 함께 토론해야 한다. 오늘 이야기를 안 하면 내일도 못 할 것이다. 그러면 영원히 안 하게 될 것이다. 그런데 서쪽 시베리아 대평원에서 생산된 질문들은 정말 어려워도 너무나 어렵다.

못사는 나라가 어떻게 우리나라 인공위성을 쏘아주나?

먹고살기 바쁜데 어떻게 발레 공연을 보나?

레닌은 나쁜 사람인가?

왜 우리나라는 러시아하고 친하지 않은가?

이번 토론은 시베리아의 끝이자 유럽의 시작점인 우랄산맥의 정상부를 넘을 때까지도 끝이 날 것 같지 않다.

드디어 지정학적 유럽의 시작점인 우랄산맥 정상에 다다른다. 아시아와 유럽의 문명과 역사를 바꾼 산맥, 우랄. 낯선 곳의 두려움을 가족과 함께 이겨내는 방법을 가르쳐준 영원히 잊지 못할 시베리아의 끝. 시베리아는 우랄산맥에서 동쪽으로 태평양 연안까지의 어마어마한 땅덩어리다. 가로 길이 약 7000여 킬로미터, 세로 길이 약 3500여 킬로미터. 숫자로 대입해도 감이 잘 오지 않는 크기의 땅덩어리다. 우리 가족이 미니버스를 타고 이곳까지 오는 데 한 달 반이 걸렸다. 그동안 시차가 여섯 번이나 바뀌었다. 이곳을 그저 통과하고자 하는 사람들은 한 달 반이라는 시간이 터무니없이 길다고 말할 것이다. 하지만 우리는 집을 조금씩 움직여 이곳까지 왔다. 삶의 연장선이었다.

시베리아는 러시아어로 '시비르'라고 한다. 시비르는 타타르어로 '잠자는 땅'이라는 뜻이다. 하지만 우리가 보았던 시베리아는 이미 잠에서 깨어나 봄을 맞이한, 무한의 힘을 가진 청춘의 땅이었다. 우리는 분명 그것을 보았다. 에너지를 어디까지, 얼마나 뿜어낼지 분간할 수 없어 겁이 나는 거대한 몸집의 청년이었다.

관광은 구경 가는 것이라 생각한다.

여행은 떠나는 것이라 생각한다.

그렇다면 시베리아에 관광은 오지 마십시오. 구경거리 하나 없습니다.

시베리아에 여행 오지 마십시오. 고생만 합니다.

그러나 남만 쳐다보고 살다가 자기를 볼 기회가 없으신 분들은 시베리아로 오십시오. 시베리아가 자기 자신을 볼 기회를 줄 것입니다.

가족과 한 집에 살면서도 가족을 못 보신 분들은 가족과 함께 시베리아로 오십시오. 시베리아가 가족을 볼 기회를 줄 것입니다.

"쓰바씨바, 시비르!"

감사합니다. 시베리아!

모스크바에서 본 천국

모스크바! 계획은 했지만 여기까지 올 수 있으리라 장담하지는 못했다. 우리 가족 여행의 최종 목표는 유라시아대륙 일주다. 그 기나긴 여정에서 보자면 모스크바는 시작에 불과하다. 그러나 '모스크바'라는 어감에서 오는 우리 집에서 먼 곳, 그것도 한참 먼 곳, 우리와는 관계없는 이국의 도시, 뉴스에서나 접했던 동네라는 느낌 때문에 참 멀리까지 달려온 것 같다. 집을 떠나온 지 60일, 1만여 킬로미터, 시차변경선을 여섯 번 지나 모스크바까지 달려온 것이다.

인천공항에서 비행기를 타고 이곳에 내린 한국 여행객들에게는 모스크바의 모든 것이 생경할 것이다. 하지만 동쪽에서부터 매일매일 조금씩 서쪽으로 이동하면서 시나브로 변해가는 문화적 풍경을 접해온 우리들은 모스크바가 대단히 이국적이라고 느끼지는 않았다. 하지만 붉은 광장의 크렘

린궁 성벽과 아이들이 나쁜 사람이라고 생각했던 레닌의 묘를 참배하는 러시아 사람들, 세상에서 가장 아름다운 건축물 중 하나라고 일컬어지는 바실리 성당, 화려하기 이를 데 없는 모스크바 굼백화점은 시베리아 시골만 보아온 아이들이 가지고 있던 러시아의 이미지를 단번에 바꾸어버렸다.

특히 열일곱 살짜리 진영이가 받은 충격은 가공할 만한 수준이었다. 진영이는 지금 화려했던 한때를 간직한 문화유산을 보는 것이 아니라 그 앞을 지나가는 러시아 아가씨의 황홀한 자태에서 눈을 떼지 못한다. 여름이 한창인 붉은 광장에서 백옥 같은 속살을 드러낸 아가씨의 자태가 진영이를 괴롭힌다. 손에 들린 아이스크림이 녹는 줄도 모르고 마른침을 삼켜가며 넋을 놓은 지 오래다. 하늘에서 내려온 선녀들을 바라보고 있는 듯한 열일곱 살 소년이 말한다.

"아버지, 여기 천국임더!"

육로 국경을 이용하여 모스크바에서 이 여행의 반환점인 포르투갈 호카곶까지 갈 수 있는 방법은 여러 개다. 계속 서쪽으로 전진해서 벨라루스 또는 우크라이나를 통해 동유럽으로 들어가는 방법과 라트비아를 통해 발트 3국으로 나아가는 방법, 또는 남쪽으로 내려가 동계올림픽으로 유명한 흑해의 도시 소치를 지나 조지아를 통과해서 터키로 들어가는 방법 등등. 그 많은 방법들 중에서 우리는 북유럽 핀란드 쪽으로 방향을 정했다. 대륙의 출발점, 한반도 간절곶에서 북유럽까지 단번에 갈 수 있다는 것을 증명하고 싶어서다. 또한 핀란드 국경에서 가까운 도시인 상트페테르부르크에 아이들과 함께 보고 싶은 에르미타주박물관이 있기 때문이다.

푸시킨의 시를 읊는 소녀

"러시아를 만든 사람이 누구냐?"라는 물음에 대부분의 러시아 사람들은 두 사람의 이름을 말한다. 러시아 제국의 초석을 다진 표트르 대제와 소비에트 연방을 세운 레닌. 그중 한 사람인 표트르 대제는 은둔의 나라라 불릴 만큼 낙후했던 러시아 제국의 새로운 기초를 마련하고자 수도를 모스크바에서 당시 습지나 다름없었던 황무지로 옮겼다. 그 신도시의 이름이 바로 상트페테르부르크다. '상트(Saint, 성인)' '페테르(Peter, 베드로)'가 이룩한 '부르크(burg, 도시)'란 뜻의 상트페테르부르크!

현지 사람들이 '삐쩨르'라 부르는 이 도시는 현대화된 대도시라 시베리아에서처럼 아무 곳에서나 정박할 수 없다. 때문에 정박할 곳을 물색하는 데도 시간이 걸렸다. 그러던 중 우연히 좋은 공간을 찾아냈다. 넓은 잔디밭과 편리한 전기 시설, 따뜻한 물이 나오는 샤워장, 안전한 울타리가 있는 곳. 러시아 여행 중 최초로 만난 캠핑장이다. (구글 지도 : N59 59 41.3 E30 06 25.8) 캠핑장 한쪽에는 방갈로도 여러 개가 마련되어 있었는데, 그중 한 곳에서 우리 가족을 유심히 바라보고 있던 한 아가씨가 무탈이 쪽으로 다가왔다.

"저기… 따뜻한 찻물을 얻을 수 있을까요?"

러시아 시골 아가씨 비카다.

'삶이 그대를 속일지라도 슬퍼하거나 노여워하지 말라.'

뻬쩨르의 자랑이자 러시아 사람 모두가 사랑하는 작가 푸시킨. 그의 이 유명한 시구는 동방에서 온 우리도 잘 알고 있다. 하지만 그가 모스크바 출신이고 이곳 뻬쩨르에서 학교를 다니며 생활했다는 사실은 알지 못했다. 아니, 꼭 알아야 할 필요도 없었다. 그런데 이러한 사실을 평생 잊지 못하게 만들어준 사람이 바로 비카다.

이곳에서 약 3500킬로미터 떨어진 수르구트라는 작은 시골 마을에서 시인 푸시킨의 흔적을 찾아 3주의 일정으로 이곳에 왔다는 비카. 푸시킨의 시를 모두 외우고 있다시피 한 그녀는 자신도 초행길인 뻬쩨르에서 관광 가이드를 자임하며 3일 동안 우리에게 아름다운 뻬쩨르의 구석구석을 안내해주었다.

뻬쩨르를 한눈에 볼 수 있는 성 이삭 대성당, 러시아 건축의 백미인 그리스도 부활 성당, 1050개의 방을 가진 화려한 여름궁전은 이 도시의 만만치 않은 내공을 보여주었다. 하지만 그러한 건축물이 아니어도 푸쉬킨과 톨스토이, 도스토옙스키와 같은 대문호들, 차이콥스키와 샤갈과 같은 러시아 출신의 세계적인 음악가와 미술가들의 생가, 작품 활동 무대, 묘지만으로

도 이 도시가 가진 자부심을 느끼기에 충분했다.

그리고 드디어 당도한 세계 3대 박물관 중 하나인 에르미타주박물관! 300만 점에 달하는 작품들은 그야말로 걸작 중의 걸작이었다. 뻬쩨르 중심을 가르는 네바강이 내려다보이는 2층 전시실 한편에서 정장을 말쑥하게 차려입은 네 명의 성악가들이 펼치는 아카펠라 공연은 또 어떻고! 궁전을 개조하여 만든 웅장한 박물관과 그곳에 전시되어 있는 고색창연한 작품들을 배경으로 울려 퍼지는 장중한 아카펠라 소리에 아이들이 넋을 놓는다. 그리고 아버지는 넋을 놓은 아이들의 뒷모습을 가만히 바라본다. 아버지를 매일 괴롭히던 생각, '아이들을 데리고 여행하는 것이 맞는가?' '지금 잘하고 있는 짓인가?'라는 의문에 처음으로 답이 들려온다.

"잘 왔다…."

뻬쩨르를 떠나기 전날 밤, 그동안 정든 고마운 비카를 위해 작은 파티를 준비한다. 그사이 친구가 된 다윤이가 통역을 자청한다. 30퍼센트의 영어, 10퍼센트의 러시아어, 20퍼센트의 둘만의 언어, 40퍼센트의 보디랭귀지로 구성된 다윤이와 비카의 대화는 신기하게도 잘 통한다. 아니 잘 통하는 것처럼 보인다.

"다윤아, 아버지가 비카에게 궁금한 것이 있다."

"100퍼센트 통역 가능합니다. 마음 푹 놓고 말씀하세요!"

"비카야, 너의 장래희망이 시인이가?"

"아니요, 그렇게 훌륭한 재주는 없어요."

"그런데 왜 푸시킨을 쫓아 여기까지 여행을 왔노?"

"자기가 좋아하는 역사적 인물이나 역사적 현장을 보러 다니는 것이 여행 아닌가요? 한국의 아이들은 그렇게 안 해요?"

이것을 어떻게 대답해야 하나…. 난감한 얼굴을 하고 있는 아버지에게 비카가 자랑할 것이 있다며 자신의 깨진 휴대폰 액정을 들여다본다.

"제가 열다섯 살에 지은 시예요. 들어보실래요?"

느낌상 이것이 이 동네 아이들의 자랑인 듯하다. 열다섯 살 때 지은 시를 자랑하고 싶어 휴대폰에 시를 저장하고 다니는 아이가 낭송이 끝나기 무섭게 이번에는 아무것도 보지 않고 푸시킨의 시를 읊는다. 뜻은 몰라도 운율에 흠뻑 빠져 낭송하고 있는 비카의 목소리만으로 감동스럽다.

"비카야, 너는 시를 좋아하는 아이니까 그렇다 치고, 친구들도 시를 외우나?"

"그럼요! 러시아 아이들 대부분은 자기가 좋아하는 시인의 시 몇 개는

외우고 다녀요. 당연히 그래야 되는 것 아닌가요?"

이것은 또 어떻게 대답해야 하나…. 아버지는 혹시나 해서 폼으로 가지고 온 단 한 권의 시집을 비카에게 건넨다. 고은 시인의 〈순간의 꽃〉. '그 꽃'이라는 시가 담긴 페이지에 고맙다는 인사를 한글로 적어준다. 선물을 받기 무섭게 비카가 다윤이에게 묻는다.

"다윤아, 무슨 뜻이야?"

"아버지가 쓰신 메시지?"

"아니, 시! 너희 나라 말로 한 번 읽고, 그 다음에 통역해줘."

그 꽃

내려갈 때 보았네
올라갈 때 보지 못한
그 꽃

함축적이고 간결한 다른 나라의 언어를 이해했기 때문일까? 아니면 멀리 동방에서 온 사람이 선물한 책 때문일까? 알 길 없는 눈물이 비카의 볼을 타고 흘러내린다.

비카와 아름다운 추억을 만든 다음 날.

"오늘이 러시아 마지막 날이네?"

아버지의 말에 가족 모두의 어깨가 처진다. 다가올 나라에 대한 기대감보다 떠나야 할 러시아에 대한 아쉬움 때문이다.

가족과 함께 영혼의 소리가 들리는 천상의 길, 시베리아를 지나왔다. 태고의 이야기를 간직한 바이칼호수를 지나왔다. 동서양의 경계인 웅장한 우랄산맥을 지나며 밀밭에서 석유를 퍼 올리고 있는 러시아 자원의 힘을 보았다. 에르미타주박물관에서 러시아의 문화적 힘도 보았다. 하지만 러시아 최고의 힘은 '아름다운 사람들'이었다. 우리 아이들에게 자연의 위대함과 사람살이의 기본을 가르쳐준 시베리아. 우리 아이들에게 마주해보지도 않고 생긴 편견이 얼마나 어리석은 것인가를 가르쳐준 러시아에게 감사의 인사를 건넨다. 무엇보다 우리 가족이 그 장대한 곳을 무탈하게 지나올 수 있도록 '지켜주신' 그 모든 것에 무한한 감사를 올린다.

길을 모른다고
길이 없는 건 아니다

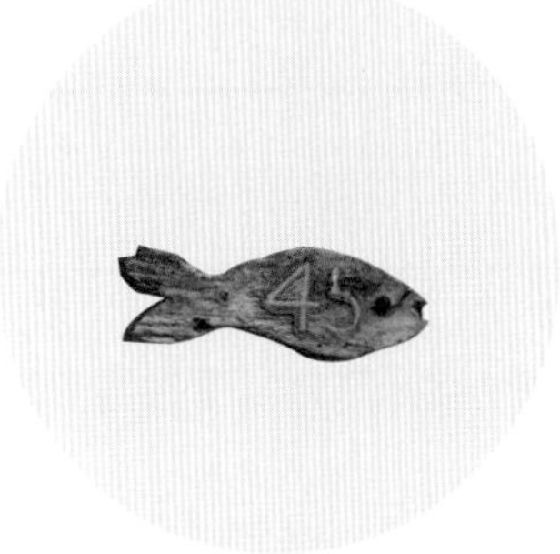

우리가 가고자 하는 핀란드는 지정학적으로 유럽이다. 러시아도 유럽이다. 유럽은 단체나 연합체의 이름이 아니다. 아시아, 아프리카처럼 지역의 이름이다. 반면 유럽연합(EU)은 단일시장 구축이 목표인 경제 연합체다. 유럽 땅이지만 러시아, 노르웨이, 스위스, 발칸반도의 여러 나라는 생각과 사정이 달라 유럽연합에 가입을 안 하거나 못하고 있다. 말하자면 스위스는 유럽이지만 유럽연합 가입국은 아니다.

유럽에서 국경 검문 없이 마음대로 이웃나라로 갈 수 있는 것은 '셍겐조약' 때문이다. 셍겐조약은 땅덩어리 통일의 개념이다. 예를 들어 유럽연합 가입국 프랑스에서 비가입국 스위스로 넘어갈 때 따로 국경 검사를 하지 않는 이유는 바로 두 국가가 셍겐조약국이기 때문이다. 유럽연합 가입국끼리도 셍겐조약을 맺고 있지 않으면 서로의 나라를 오갈 때 삼엄한 국경검문소를 거쳐야 한다. 우리나라 관광객이 프랑스 드골공항에 내리면 그곳이 프랑스 국경이자 셍겐조약국 국경이기 때문에 여권과 가방 검사를 해야 한다. 그런 후에 셍겐조약국의 국경을 아무 제지 없이 오갈 수 있다.

마찬가지로 오늘 우리가 가야 할 러시아-핀란드 국경은 핀란드 국경인 동시에 셍겐조약국 땅으로 들어가는 시작점이다. 때문에 세관 검사와 무탈이의 수출입 검사, 통관 검사를 받아야 한다. 듣기로… 다가오는 국경은 검문 강도가 까다롭기로 유명하단다.

우리 가족은 핀란드 입국에 꼭 필요한 서류 한 장을 준비하지 못했다. 셍겐조약국에서 통용되는 '그린카드'라 불리는 자동차 보험이다. 이 보험을 러시아 국경 근처에서 가입할 수 있다는 말만 믿고 국경도시 비보르크까지 왔지만 당황스러운 상황만 이어진다.

"그린카드 만들어주세요."

"러시아 사람만 가능해요."

"예? 그럼 외국인은 어디서 만들어요?"

"몰라요…."

그린카드가 없으면 핀란드 입국은 거부된다. 몇 군데의 보험사를 같이 뛰어다닌 진영이가 묻는다.

"아버지, 우짜는교?"

"진영아, 니 판단은 어떻노? 뻬쩨르로 돌아가서 확인을 해야 할까? 아니면 핀란드 국경에 가서 부딪쳐볼까?"

"핀란드로 가봅시다. 일단 부딪쳐보고 나서…."

그래, 분명 또 다른 길이 있을 것이다. 일단 부딪쳐보자.

우리는 관광버스, 대형 트럭, 승용차가 뒤죽박죽인 러시아 국경에 얼떨

떨한 표정으로 다가간다.

"아버지, 우리 무탈이는 승용차 쪽인교, 버스 쪽인교?"

"글쎄다. 여기서 말하는 버스는 정기적으로 운행되는 국제버스 같은데…."

문제는 이 나라 국경수비대도 무탈이와 같은 경우가 처음이라 서로 책임 전가하기에 바쁘다는 것이다.

승용차 라인의 국경수비대 왈,

"이것이 어찌 우리 일이고? 버스 팀 너희 일이다. 크기를 봐라. 버스다!"

그러면 버스 라인의 국경수비대 왈,

"이것이 어찌 우리 일이고? 승용차 팀 너희 일이다. 사람 수를 봐라. 가족 아이가?"

감정이 격해진 국경수비대원들 사이에서 고성이 오가자 높은 사람으로 추정되는 분이 나타난다. 사건 경위를 들은 이 양반이 무탈이 외부를 가만히 살피다 반색하는 얼굴로 묻는다.

"와! 이 차로 바이칼호수를 지났는교? 내가 바이칼 출신 아입니꺼. 반갑습니다!"

우리가 바이칼호수에서 왔다는 이유 하나만으로 모든 게 바로 정리된다. 무탈이는 버스 라인으로, 우리 가족은 승용차 라인으로. 게다가 길게 늘어서 있는 줄의 제일 앞으로 인도된다. 바이칼호수 만세! 가족의 여권과 비자, 블라디보스토크 입국 시 받았던 무탈이의 '임시출입허가서'를 보여주니 모든 절차가 깔끔하게 끝난다.

이렇게 여차저차 러시아 출국 심사를 마치고 2, 3킬로미터 정도 달리자 셍겐조약국 입국검사소가 있는 핀란드 국경검문소가 나타난다. 이곳의 대

원들은 러시아에서 넘어오는 모든 차량에 대해 일단 의심의 눈초리를 보낸다. 대원들이 군화를 신은 채 무탈이를 수색한다. 간담이 서늘해질 정도로 고압적인 자세다. 아마도 준비하지 못한 그린카드 때문에 노심초사하느라 더 그렇게 느끼는지도 모른다. 무탈이의 세관 검사와 차량 검사가 끝난 후, 국경검문소 옆에 마련된 건물에서 가족의 여권 검사까지 무사히 마친다. 그러고는 다시 무탈이에 전원 탑승.

"아버지 보험 검사 안 하네요?"

"그러게…."

이제 마지막 바리케이드만 통과하면 우리 가족은 유라시아대륙 일주 여행의 반환점인 포르투갈 호카곶까지 국경 없이 달릴 수 있다. 저 문이 마지막이다. 덩치 큰 국경수비대원이 운전대 창가로 다가와 가족의 여권을 보자고 한다. 그리고 드디어 올 것이 왔다. 대원의 입에서 '그린카드'라는 단어가 나온 것이다.

"그린… 뭐요? 무슨 말인지…? 우리는 영어를 못 합니다."

"그린카드! 자동차보험증서를 제출하십시오!"

말 돌린다고, 못 알아듣는 척한다고 모면될 분위기가 아니다.

"러시아에서 가입하려고 했는데… 가입할 수가 없어서… 그러니까 그린카드가 없는데요…."

"차량은 저쪽에 주차하고 운전사만 따라오십시오!"

"얘들아, 여기 꼼짝 말고 있어라! 걱정 말고! 안 되면 돌아가면 된다. 갔다 오께!"

산만 한 덩치의 대원 뒤를 왜소하고 빼빼한 아버지가 따라간다. 뭐 어떻게든 되겠지, 라고 큰소리는 쳤지만 만약 이곳을 통과할 수 없으면 어째야 하나. 가슴이 두 근 반 세 근 반이다. 그런데 아버지를 사무실로 데려간 대원이 예상외의 한마디를 던진다.

"여기서 보험에 가입하시고, 앞으로 좋은 여행 되십시오!"

핀란드 국경수비대에 보험사가 상주하고 있다니!

길을 몰라서 상대방에게 물었고 상대방도 길을 모른다고 대답했다.

그러면 길을 모르는 것뿐이지 길이 없는 것은 아니었다.

허영 없는 도시,
헬싱키

우리 여행의 두 번째 나라, 핀란드! 우리나라 옆집의 옆집이 세계 최고의 복지국가, 세상에서 가장 살기 좋다는 나라, 핀란드다. 옆집인 러시아가 조금 크다 보니 이곳에 2개월 만에 도착했다.

하루하루 집을 옮겨가며 생활하는 여행객 입장에서 한 나라의 물가는 여행의 질을 좌우하는 중요한 문제다. 그렇다면 핀란드의 물가는? 가히 숨이 막힐 지경이다! 경유값이 900원에서 2300원으로, 담뱃값이 1400원에서 7000원으로 뛰었다. 유럽에서도 물가가 가장 비싸다는 북유럽을, 물가가 가장 싸다는 러시아에서 바로 들어왔으니 물가 체감온도가 장난이 아니다. 시장 물가에 민감할 수밖에 없는 박 여사 왈,

"돌아갑시다. 러시아로!"

러시아에서는 전혀 생각지 않았던 문제가 또 있었으니, 바로 주차 문제.

우리는 무탈이와 함께 여행하기 때문에 주차 공간은 이 여행의 필수조건이다. 관광을 하든, 화장실을 가든, 밥을 먹든, 일단 무탈이를 세워둬야 한다. 그런데 흐트러짐 없이 단아한 이 도시에서 무탈이를 세울 곳을 찾을 수가 없다. 아무것도 모르고 들어온 도시의 하루가 저물고 있다.

"다윤아, 안 되겠다. 데이터 로밍 켜서 게스트하우스 찾아라."

잠시 후, 다윤이가 전한다.

"가격대가 괜찮고 빈방이 있는 곳이 있는데, 이상하게 올림픽경기장을 가리킵니더."

"경기장? 일단 가보자. 그 주변에 큰 주차장이라도 있을 것이다."

그렇게 도착한 헬싱키 올림픽스타디움. 이곳은 제2차 세계대전의 패전국인 핀란드가 1952년, 재건의 발판을 만들고자 하계올림픽을 개최했던 곳이다. 그리고 그 경기장의 스탠드 밑을 활용한 공간이 바로 호스텔이다. (구글 지도 : N60 11 17.98 E24 55 32.9) 멋진 아이디어, 뽀송뽀송한 침대와 깔끔한 샤워 시설, 안전이 보장된 장소… 이 호스텔 다 좋은데… 비싸다. 호스텔 숙박료가 터무니없이 비싸다기보다는 장기여행자인 우리가 그리 느끼는 것이리라.

다음 날. 헬싱키에서 며칠 머물 예정이라 조금 더 저렴한 숙소를 찾아보기로 한다. 박 여사와 진우 팀, 아버지와 진영이 팀이 정찰을 맡고 다윤이가 무탈이에서 전체 지휘를 맡는다. 얼마가 지났을까. 지휘 본부에서 연락이 온다. 좋은 정박지를 찾았으니 그곳으로 가라는 지시다. 지시에 따르자 이 작은 도시의 규모에 비해 상당히 넓은 주차장이 나온다. (구글 지도 : N60 11 02.7 E24 55 40.9) 주차장의 절반 이상을 차지하고 있는 승용차 전용 공간은 돈을 많이 내야 하고, 주차 시간도 제한적이다. 반면 관광객을 배려한 관광버스 전용 공간은 24시간 주차 가능하고, 게다가 무료다!

"이 차가 관광버스인가요?"

"그럼 뭐 하는 버스로 보입니까? 이 버스는 관광을 목적으로 한국에서 헬싱키로 온 관광버스입니다!"

우리는 마구잡이로 무탈이를 관광버스로 둔갑시켜 24시간 무료 주차장에 새로운 숙소를 마련한다. 그리고 기분 좋게 핀란드의 수도, 헬싱키 관광에 나선다.

디자인의 나라다운 발상과 자연친화적인 사고가 이 나라 사람들을 다시 보게 만든다. 바위산을 파내고 그 위에 세운 암석교회가 그 어떤 교회보다

도 아름답다. 시벨리우스 공원에 있는 '하모니'라는 조각상도 단아함과 화려함을 동시에 지니고 있다. 이 조각상은 우리나라 교과서에도 수록될 만큼 유명한 작품으로, 핀란드에서 국가 다음으로 많이 불리는 곡 〈핀란드여, 일어나라(핀란디아)〉를 쓴 세계적인 작곡가 시벨리우스를 기리기 위한 작품이다. 700년 가까운 스웨덴의 지배, 곧바로 이어진 100년간의 러시아 지배를 탈출한 지 100년도 안 된 나라 핀란드. 그 저항의 시대에 태어난 노래가 바로 〈핀란드여, 일어나라〉다.

사실 핀란드의 유적과 작품, 건물 들의 자태는 우리네의 그것들과 다름에서 오는 경이로움은 있어도 감동할 정도는 아니었다. 오히려 우리 가족이 감동받은 것은 사람들의 삶의 자세였다. 자본주의사회에서 도시에 사는 사람, 그것도 한 나라의 수도에 사는 사람이라면 경쟁과 물욕에서 자유로울 수 없다. 계룡산 자락이 아닌 저잣거리에서 그러한 것을 뛰어넘고 산다는 것은 성직자 수준의 자기성찰이 가능한 사람, 또는 청빈함 때문에 받는 손가락질조차 미소로 되받아줄 수 있는 내공의 소유자여야 할 것이다. 그런데 핀란드의 수도, 헬싱키 사람들이 그러한 사람들이었다. 우리들 눈에는 그렇게 보였다. 몰고 다니는 승용차 내부는 여타의 부착물 없이 간결했

고, 걸어 다니는 사람들, 벤치에 앉아 있는 사람들의 옷과 장신구, 가방 들은 본연의 기능 이외의 '치렁치렁함'이 없었다. 길거리에 그 흔한 명품 가게 하나 보이지 않았다. 오랜 세월 지배 권력 속에서 몸을 낮춘 결과물일지도 모른다는 생각과 겨울의 혹독한 추위와 여름의 잦은 비에서 기인한 청빈한 자세가 아닐까, 추측해보지만 뭐, 나그네가 그 내실을 다 알 길은 없다. 그럼에도 누군가 헬싱키에 대해 묻는다면, 단연코 이리 말할 것이다.

"자연스러운 도시, 허영이 없는 도시, 참 맑은 느낌이 나는 도시, 옷이 몸에 딱 맞다, 하는 그런 느낌의 도시가 바로 헬싱키다!"

Photo Essay 진우

우리 가족의 천국, 이케아(IKEA)! 이상하게 이케아만 보면 기분이 좋다. 이곳을 그냥 지나치는 건 있을 수 없는 일이다. 들어가서 드라이버라도 구경을 하고 나와야 한다. 음식도 맛있어서 우리에겐 휴게소 같은 존재다. 휴게소에 가면 호두과자를 먹어줘야 하듯 이케아에 오면 동그랑땡과 아이스크림을 먹어줘야 한다. 이것저것 필요한 물건을 산 후 이케아를 나서는데 직원들이 우리를 신기하게 보는 것 같다. 뭐, 그럴 만도 하다. 슬리퍼를 신고 잠옷 비슷한 옷을 입은 빼빼 마른 동양인들이 조립식 싱크대와 이불 같은 것을 사 가니 말이다.

속도가 아니라 방향이다

앞으로의 경로에 관한 긴급 가족회의가 열린다. 발단은 북유럽의 물가다. 헬싱키에 며칠 살아본 박 여사가 핀란드보다 비싸다는 스웨덴을 통과해서 유럽대륙으로 들어가는 계획은 우리가 감당할 수 없는 일이라고 하신다. 그러니 상대적으로 저렴한 발트 3국, 동유럽을 통해 최단 거리로 이 여행의 반환점인 포르투갈로 가자는 안을 내신다. 맞는 말씀이다. 문제는 헬싱키에서 발트 3국으로 가려면 에스토니아 탈린까지 배를 타고 가야 한다. 직선거리 90킬로미터, 항해 시간 2시간 40분. 간단하다. 그런데 바퀴 굴려 대륙을 일주해보겠다는 가족의 계획이 북한 통과 실패에 이어 또 한 번 틀어진다.

울산에서부터 시작된 아시안 하이웨이는 실제로 유럽까지 연결되어 있었고, 우리 가족은 이 신 실크로드를 달려 북유럽 핀란드까지 올라왔다. 이후 발트 해의 보트니아 만을 빙 돌아 핀란드 북쪽으로 올라간 뒤, 다시 스웨덴 동쪽의 보트니아 만을 따라 남진하여 덴마크를 통해 유럽 본토로 들어가자는 게 계획이었다. 경제적으로도, 시간적으로도 무리인 줄 알면서도 북극권에 가까운 곳까지 돌아가려던 것은 바퀴만 굴려 유라시아대륙을 일주해보겠다는 계획 때문이었다. 한반도가 대륙임을 보여주기 위해 시작한 이 루트가 북한 통과라는 큰 산에 가로막혀 이미 한 번 반칙을 했다. 그러나 그 반칙은 정치적인 문제였지 지정학적 문제는 아니었다. 그런데 경제적으로 저렴하다고, 거리가 더 가깝다고 배를 타고 동유럽으로 들어간다? 물론 기존 계획에 이견을 제시한 박 여사의 마음도 편하지는 않을 것이다. 따지고 보면 박 여사가 아니라 여행 경비가 문제였다. 그렇다면 이 문제의 단초를 마련한 쪽인 아버지의 의견을 거두는 것이 맞다.

"박 여사, 미안하오. 박 여사의 안대로 합시다."

그렇게 결론을 내고 탈린으로 가는 배를 예약하기 위해 국제터미널로 달려왔다. 그런데 창구 문이 모두 닫혀 있다. 우리가 너무 늦게 온 것이다. 어둠이 내리고 있는 강가에서 박 여사의 제안으로 가족회의가 다시 소집된다. 이미 여행 루트에 대한 공은 박 여사에게 넘어간 상태다. 그런 박 여사가 아이들의 의견을 묻는다.

"다른 것은 몰라도 돈 문제로 가족이 이견이 생기면 안 된다. 너희들 생각은 어떻노?"

"아버지 의견도 맞고, 어머니 의견도 맞고… 헷갈립니더."

"만약에 경제적 걱정이 없다면?"

"바퀴 굴려 가고 싶지요."

박 여사가 잠시 동안 생각을 정리하더니 입을 여신다.

EUROPE
KOREA
AH6
AH1
71x1377

"가다가 문제가 생기면 그때 해결하기로 하고, 아버지 말씀대로 바퀴 굴려 가자. 요 며칠 돈을 많이 지출해서 마음이 조급해졌다. 엄마가 생각이 짧았다. 빨리 가는 것이 중요한 것이 아니다. 아버지 말씀대로 방향이 중요하다. 아버지 말씀대로 가자!"

박 여사가 아버지의 어깨를 한껏 치켜세워주며 본인의 주장을 철회하신다.

"와! 어머니 짱! 앞으로 돈 절약할게요!"

"박 여사, 왜 마음을 바꾸었소?"

헬싱키의 호젓한 밤거리에서 이이들과 간격을 유지하며 아버지가 박 여사에게 묻는다.

"북유럽으로 가는 길은 어려운 길이고, 동유럽으로 가는 길은 쉬운 길이잖아요. 나중에 아이들이 어떤 문제에 부딪혔을 때 또 쉬운 길을 선택할까봐 하는 것도 있고… 무엇보다 아이들 앞에서 지아비의 의견을 꺾으면 되겠습니까? 호호호!"

사실 북유럽으로 돌아가는 루트를 선택한 또 하나의 이유가 있었다. 세계 최고의 복지국가 북유럽, 세계 최고의 부자나라 북유럽이 어떻게 단아함과 청빈함을 지니고 있는지 알고 싶었다. 그 이유를 알게 되면 아이들의 삶에 도움이 될 것 같았다. 남의 집 담벼락을 스쳐 지나가는 아이들이 그 집의 가풍까지 알 길은 없겠지만 아이들 제각각 생각하는 바가 있을 것이다. 아버지는 '바르다'라고 생각하는 길로 운전만 하면 된다. 아버지는 가족을 위한 운전기사다.

세상에서 가장 큰 음악회

이 나라의 국호는 핀란드다. 하지만 핀란드는 스웨덴 말에서 출발한 말이고, 이 나라 언어로는 수오미다. '호수의 나라'라는 뜻의 수오미. 헬싱키에서도 몰랐다. 핀란드에 이렇게 호수가 많은지…. 빙하가 녹아 만들어진 1000개의 호수를 가진 나라, 핀란드. 바로 마셔도 된다는 일급수의 호수들이 참으로 청아하다. 호수가 햇빛에 반짝일 때는 열아홉 살 소녀 다윤이의 볼같이 맑고, 달빛이 드리워졌을 때는 박 여사의 품같이 푸근하다. 호숫가에 모여 있는 새하얀 집들과 그 앞의 작은 나루터들은 그림이나 상상 속에서 보았던 그것처럼 아름답다.

지금 우리 가족은 핀란드 라프란트 지역의 북극권으로 올라가는 길이다. 한 집 건너 하나라 해도 될 만큼 많은, 게다가 저렴하기까지 한 캠핑장 덕분에 아이들의 얼굴과 옷이 뽀송뽀송하다. 요금을 받지 않는 고속도로에서

캠핑장과 다를 바 없는 편의 시설을 제공하는 주차장에 마음 내려놓고 정박하는 혜택도 누린다. 이 나라 사람들의 세금으로 만들어진, 이 나라 사람들을 위한 공공 편의 시설을 동방에서 온 나그네들이 공짜로 이용한다. 미안하고 고마운 마음에 이 나라 물건이라도 좀 많이 사주고 싶은데 긴축재정에 들어간 박 여사 덕분에 그마저도 못 하고 있다.

핀란드의 중부. 보트니아 만에 접해 있는 바닷가의 작은 마을 코콜라에서 우연히 들른 캠핑장. (구글 지도 : N63 51 15.8 E23 06 46.8) 주인장이 캠핑카 치고는 조금 특이한 외모를 가진 무탈이를 보며 말한다.

"정말 한국에서 왔어요? 이 차로? 한 가족이? 정말로요?"

"네! 한 가족이 한국에서 바퀴 굴려 왔어요!"

신나게 대답하는 아이들 옆에서 핀란드 음악이 듣고 싶다고 노래를 부르던 박 여사가 묻는다.

"이 마을에 핀란드 전통음악을 연주하는 곳이 있습니까?"

"작은 마을이라… 그런 곳은 없는데요."

몇 시간 후.

"아버지, 어머니가 빨리 아버지 모시고 오라고 하십니다!"

저녁을 먹고도 해가 아직 중천인 북유럽의 백야를 친구 삼아 잔디밭에 누워 망중한을 즐기고 있는 아버지를 진우가 황급히 부른다.

"어머니가 왜?"

"아버지 빨리 갑시더. 캠핑장 레스토랑에서 핀란드 전통음악 연주회가 열린담더."

"아버지는 쉴란다. 너희끼리 보고 오느라."

"아니, 그게 아니고 우리 가족을 위한 연주회가 열립니더. 다른 사람 없심더. 다른 사람 출입금지임더."

"그게 무슨 말이고?"

"아버지가 오셔야 시작됩니다. 어머니가 빨리 모시고 오랍니다."

진우에게 이끌려 작은 레스토랑에 들어서자 아코디언을 멘 중년의 남자가 반갑게 손을 내민다. 그 옆에는 한눈에 봐도 우리를 기다리고 있다는 것을 알 수 있는 클래식 기타를 든 남자와 콘트라베이스에 기대 서 있는 여자가 있다. 3인조 혼성 연주 그룹이다. 캠핑장 주인장이 핀란드의 전통음악을 듣고 싶다는 박 여사의 한마디에 연주 그룹을 급히 섭외한 것이다. 모르긴 몰라도 이 나라 문화에서는 그리 쉬운 일이 아닐 텐데….

"한국에서 우리 마을까지 와주셔서 감사합니다. 유라시아대륙을 일주하는 가족 앞에서 연주하게 되어 영광입니다. 첫 곡으로 〈1000개의 호수〉를 들려드리겠습니다."

조합이 맞지 않을 듯한 콘트라베이스의 장중한 저음과 아코디언의 청량한 고음, 그리고 클래식 기타의 감미로운 선율…. 핀란드 호수가 그려지는 애잔한 음악이 끝나니 포크음악 같은 경쾌한 핀란드 전통음악이 시작된다. 주인장도 흥에 겨운지 발이 보이지 않을 정도의 현란한 춤사위를 펼치기 시작한다. 3인조 연주 그룹과 급조된 한 명의 무용수가 다섯 명의 가족을 위해 혼신을 다하고 있다. 아… 그 어떤 무대보다도 감동적이다. 주인장이 어떤 생각, 어떤 이해, 어떤 마음으로 이 무대를 준비했는지는 모른다. 연주자들은 달랑 다섯 명인 이방인 관객을 위해 어떤 가슴으로 저렇게 혼신의 연주를 펼치고 있는지 모른다. 그것이 무엇이 되었든 머리가 숙여진다. 우리 아이들에게 지나가는 나그네들에게도 고운 마음을 전해야 한다는 것을 가르쳐주시어 감사합니다. 우리 아이들에게 좋은 추억을 만들어주시어 머리 숙여 인사드립니다.

고단함도 쉬게 하는 호수의 나라 핀란드
핀란드 노키아 호수에서
호수가 아름다운 나라, 핀란드

8월의
산타클로스

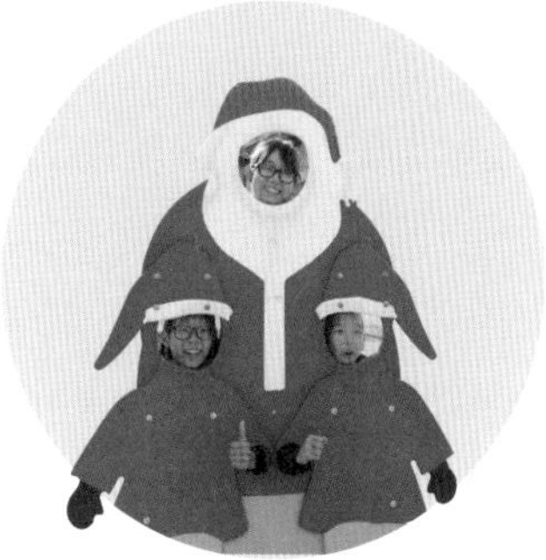

핀란드는 이웃나라 스웨덴에게 700년 가까운 지배를 받았다. 점령자 스웨덴은 핀란드가 하나의 나라가 아니고 스웨덴에 속한 한 지방이라고 여겨 핀란드의 남·중부 지역을 '핀(Fin)족'이 사는 땅이라는 뜻의 '핀·란드(Fin·land)'로 불렀다. 순록이 사는 추운 북극 지방의 상징이자 산타클로스가 사는 곳으로 유명한 '라플·란드(Lap·land)' 역시 '라프(Lap)족'이 사는 땅이라는 뜻이다. 그 라플란드가 지금은 핀란드 북부 지방과 스칸디나비아반도의 북극권을 통칭하는 말이 되었다.

라플란드의 주도이자 산타클로스의 마을인 로바니에미라는 도시에 왔다. 보트니아 만을 돌아 스웨덴으로 가야 하는 갈 길 바쁜 가족이 기름값을 들여가며 주도로에서 벗어나 북쪽으로 100여 킬로미터를 더 올라온 이유는 다음과 같다.

북위 66도 33분부터 시작하는 북극권에 아이들과 함께 서보고 싶었다. 우리 가족이 출발점으로 삼았던, 동북아시아에서 해가 제일 먼저 뜨는 대한민국 간절곶이 북위 35도 21분이다. 1도가 대략 110킬로미터라고 생각하면, 우리는 남에서 북으로 직선거리 3500여 킬로미터를 올라온 것이다. 그 사실을 아이들과 함께 체감해보고 싶었다.

또 하나의 이유는 이렇다. 전 세계 아이들이 산타클로스에게 편지를 보내면 모두 이곳에 도착한다. 그리고 산타클로스의 이름으로 된 답장 또한 이곳에서 보내진다. 이 신기한 시스템을 활용하여 한국에 있는 지인의 아이들에게 산타클로스의 편지를 받아보게 하고 싶었다. 그 편지를 받을 아이의 맑은 동심이 1년만 더 연장될 수 있다면 100킬로미터의 거리와 3일이라는 시간은 하나도 아깝지 않았다.

로바니에미 도심을 가로지르는 케미 강가의 아름다운 캠핑장에 터를 잡고 장을 보기 위해 가족 모두가 나섰다. 그런데 가는 슈퍼마켓마다 문이 닫혀 있다. 슈퍼마켓을 찾아 헤매고 있는데 자전거를 타고 가던 노부부가 우리에게 말을 건네신다.

"당신들 지금 어디로 가는 겐가?'

"슈퍼 찾아갑니다."

"길 잘못 들었다. 따라와라. 여기는 시간대별로 문 여는 곳이 다르다."

말을 마친 노부부는 아예 자전거에서 내려 우리를 인도하신다. 슈퍼마켓에 도착하자 이 고마운 노부부가 '아이들 학교는? 여기는 우째 왔노? 어디서 자노?'라는 걱정과 격려를 한꺼번에 쏟으시며 전화번호까지 적어주신다.

"이 마을에서 지내는 동안 무슨 문제 있으면 전화해라."

다음 날 아침, 노부부께서 아이들 먹으라며 직접 구운 빵과 케이크를 들고 캠핑장에 찾아오셨다.

툴라 할머니가 아이들에게 말씀하신다.

"여행 중에도 공부를 게을리 하지 마라. 풀, 나뭇잎, 자연, 만나는 사람, 너희가 여행 중 보고 듣고 만나는 모든 것이 선생님이시다. 선생님 말씀을 잘 들으려고 노력해야 된다. 그리고 영어는 꼭 해야 된다."

아이들이 영어를 잘 못 하는 것을 지적하신 것이다.

"영어를 학문으로 하면 어렵단다. 영어는 세계인과 대화하기 위한 말이다. 말을 배워라."

교직 생활을 하셨다는 할머니에게 아이들이 제대로 걸렸다. 그 광경을 흐뭇하게 바라보고 있는데 옆에 계시던 툴라 할아버지가 아버지에게 말씀하신다.

"가족은 여기에 쉬게 두고 나를 따라오느라."

캠핑장에서 8킬로미터 정도 떨어진 '산타마을'에 가자시는 것이다. 슈퍼마켓도 못 찾아 헤매던 것을 보시고 내일 가는 산타마을도 그리할까 염려되어 미리 답사를 가자시려고 자가용까지 몰고 오셨단다.

핀란드를 남쪽 끝에서 북극권까지 1000여 킬로미터 종단하면서 만났던 이 나라 사람들에게 어둔한 영어로 했던 질문을 운전 중인 툴라 할아버지께도 던져본다.

"핀란드는 세금이 비싸다고 하는데 불만은 없으십니까?"

툴라 할아버지는 차도와 차단용 가로수로 분리된 자전거 도로에서 자전거, 인라인 스케이트, 여름용 스키를 즐기고 있는 사람들을 가리키며 답하신다.

"저게 세금 때문에 가능한 일이다. 세금은 당연한 거다."

은퇴하시기 전 2년간 한국과 관계된 회사에서 근무하셔서 한국도 몇 번 다녀오셨다는 할아버지가 말씀을 이어가신다.

"한국 사람들에게는 절세가 당연하고 심지어 절세가 자랑거리라 들었다. 핀란드에서는 그러면 못 산다. 일용직 근로자는 소득의 20~30퍼센트를, 많이 버는 사람은 40~60퍼센트를 세금으로 낸다."

핀란드 사람들이 이구동성으로 하던 말을 툴라 할아버지도 하신다.

"핀란드에서는 세금 많이 납부하는 사람을 존경한다!"

핀란드 국세청은 우리나라의 전화번호부 같은 책을 마을마다 발행한단다. 누구나 열람이 가능한 그 책자에는 마을 사람들이 전년도에 납부한 세금 액수가 적혀 있다. 다른 동네 사람이나 유명인의 세금 납부액은 인터넷 검색이나 국세청으로의 전화 한 통이면 알 수 있단다. 툴라 할아버지는 세금보다 누진세를 적용하는 핀란드의 벌금제도가 더 훌륭하다고 말씀하신다.

"만약 속도위반에 걸리면 경찰이 휴대폰으로 국세청에 기록된 납세 기록을 확인하고 범칙금을 정한다. 정해진 벌금을 내는 것이 아니라 소득만큼 내라는 제도다."

그러고 보니 속도위반으로 몇 억의 벌금을 냈다는 이 나라 재벌 이야기를 해외토픽에서 접한 기억이 있다.

우리 아이들과 핀란드 여정에서 나눈 대부분의 대화는 이러했다.

"왜 이 나라는 인구도 적고 세계적인 기업도 없는데 잘살아요?"

"이 나라가 세계 최고 부자라면서 어째 명품 가게 하나 없어요?"

"그러게, 부자같아 보이는 사람도 없네요."

"여기는 돈 많은 부자 일등이 아니고, 삶의 만족도 일등인 나라란다."

이 말에 아이들 셋이 동시에 묻는다.

"그게 뭔교?"

"자기 삶에 대한 행복지수가 세계 최고라는 뜻이다."

공산주의는 뜻은 좋았으나 실패했다. 그 반대편에 있던 자본주의는 여전히 생존해 있지만 여러 가지 부작용을 생산하고 있다. 그 대안으로 핀란드식 자본주의, 이거 좋아 보인다. 공공을 위해 내가 벌어들인 것을 내어놓는다. 그리고 많이 번 사람은 세금도, 벌금도 많이 내어놓는다.

"아버지, 복지 쉽네요. 세금 많이 내면 되네요?!"

"쉽다. 그런데 그것이 참 어렵다."

다음 날, 노부부께 고마움을 전한 뒤 도착한 산타마을. 195개국 어린이

Christmas 2012
nearly 550 000 letters

Australia
BARBADOS
ANTIGUA JA BARBUDA
COOK ISLANDS
CAP VERDE
Dominikaaninen Tasavalta
Egypti
ERITREA
GABON
GAMBIA
Georgia
Ghana
JAPANI
JEMEN

의 소망이 적힌 편지가 빼곡한 산타우체국에서 분류 작업을 하는 산타클로스의 비서에게 물어본다.

"한국어로도 산타클로스의 편지를 쓸 수 있습니까?"

"아뇨. 12개 국어가 되는데 한국어는 안 됩니다."

뭐, 아이들도 산타클로스가 한국 사람이 아닌 것은 알고 있을 테니 영어로 보내면 더 큰 확신을 줄 수 있을 것 같다. 비서에게 영어로 편지를 보내달라고 부탁하고 주소를 적어 건넨다.

"7유로입니다."

1만 2000원? 달랑 편지 한 장에? 아니다. 산타클로스도 빚내서 장사할 수 없는 노릇이고 산타클로스의 편지를 직접 받는 아이들에게는 그 이상의 값을 해줄 것이다. 산타클로스와 사진을 찍을 수 있다는 말에 옆 건물로 가본다. 산타클로스에게 아이들과 사진 찍기를 요청하니 산타클로스의 비서께서 돈을 내라신다.

"아버지, 8월이라 산타 할아버지 형편이 어려우신가 봅니다."

행복한 결혼식

핀란드-스웨덴 국경의 도로변 휴게소에 저녁거리를 구하러 들어갔던 박 여사가 황당한 얼굴로 나온다.

"여기 유로를 안 받아요. 이 나라 돈이 따로 있대요."

그 나라 상용 화폐도 모르고 온 상식 없는 여행객들이다. 핀란드는 물론 유럽 대부분의 국가가 사용하는 유로가 이 나라에서도 당연히 사용될 줄 알았다. 그런데 이 나라는 자국 화폐 '코로나'만 사용한단다. 체크카드 수수료 때문에 은행에서 인출한 현금만 사용하는 박 여사가 카드 결제를 하셨다. 그 일로 저녁내 근심이 가득한 얼굴이다.

"어머니, 카드 수수료와 현금 인출 수수료가 같을 것 같은데 왜 고민하세요?"

수수료에 대해 생각이 다른 다윤이가 시비를 건다. 박 여사의 논리는 이러하다. 생필품을 지속적으로 구입해야 하는 여행객이 카드로 계산을 하면 그때마다 수수료가 지속적으로 발생할 테니 한꺼번에 현금을 찾아서 계산하는 게 훨씬 더 경제적이다. 다윤이의 논리는 이러하다. 현금을 인출할 때도, 카드를 사용할 때도 수수료는 든다. 그 액수는 비슷할 것이다. 중요한 것은 그날의 환율 차이다. 복불복이니 그냥 마음 편하게 체크카드를 사용하자.

이 문제로 두 여인네의 목소리가 높아지자 두 머스마는 입을 다문다. 한쪽의 의견에 동의하면 한쪽에게 받는 칭찬보다 반대편에게 얻는 욕이 훨씬 많다는 것을 알고 있으므로.

"야, 진우. 너 생각은 어떻노? 누나 말이 맞재?"

"…."

"가시나야! 동생한테 와 강요를 하노? 누나 말이 틀리니까 대답을 안 한다 아이가! 진우야, 엄마 말이 맞재?"

"…."

아버지는… 조용히 무탈이를 몰 뿐이다. 다행히 스웨덴의 E4번 도로가 발트 해의 바닷길과 원시림의 숲, 아름다운 호수를 번갈아 보여준다. 언제 무슨 일이 있었냐는 듯 모두가 그림 같은 풍경에 넋이 나간다.

"웁살라에서 밥 먹고 갑시다."

이 아름다운 도로를 타고 남쪽으로 1000여 킬로미터를 내려와 스웨덴의 수도 스톡홀름을 100킬로미터 정도 남겨놓은 곳, 웁살라에 무탈이가 선다. 경비 걱정으로 무탈이에서의 식사만 고집하던 박 여사가 어느 책에서 본 웁살라가 보고 싶다며 외식이라는 무기로 가족의 동의를 얻어냈다.

스웨덴에서 가장 오래된 대학인 웁살라대학이 이곳에 있다. 품위 있는 자태와 고즈넉함을 함께 지닌 아름다운 도시를 걷다가 북유럽 최고의 역사와 규모를 자랑하는 웁살라 대성당을 만난다. 우리가 성당으로 들어가려 할 때 관광객으로 보이는 한 무리의 사람들이 관리자의 통제를 받으며 밖으로 쏟아져 나온다.

“아버지, 성당에 못 들어가는가 봅니다, 무슨 행사라도 있는가 본데요?”

“그래도 여기까지 왔는데 잠깐 들어가보자. 관리자 밖에 있다.”

도둑 구경으로 들어온 대성당의 경이로움에 넋을 빼앗긴 사이, 등 뒤의 대성당 주출입문이 닫힌다. 그와 동시에 맑고 아름다운 합창이 시작된다.

“어…? 아버지 결혼식임더!”

얼떨결에 성당 의자에 앉아 맑은 소리가 나는 쪽을 바라보니 합창복을 입은 50명가량의 소년소녀들이 조명을 받아 반짝이고 있다. 성당의 화려한 스테인드글라스 앞의 강단을 중심으로 양쪽에 도열해 있는 예복을 차려입은 사람들이 우리 쪽을 바라보고 있다. 순간 몸이 움츠러든다.

“뒤를 보세요! 뒤쪽이요. 신부예요! 신부!”

속삭이듯 박 여사가 말한다. 웅장한 파이프오르간 연주와 함께 하얀 웨딩드레스를 입은 신부와 신랑이 동시에 입장하고 있다. 파이프오르간의 몽환적인 울림, 어린 합창단의 청아한 목소리가 까마득한 성당 천장에 부딪쳐 성당 전체에 울려 퍼진다. 심장이 멎을 지경이다. 축복 속에서 걷고 있는 신부의 얼굴이 천사같다. 해맑은 미소 가득한 얼굴에 흐르고 있는 한 줄기 눈물은 행복이라는 단어 그 자체다. 벅찬 감동에 아버지의 손을 살포시 잡은 박 여사의 볼에도 감동의 눈물이 흐르고 있다.

가족 모두가 우연히 마주한 감동에 진이 빠져 결혼식이 끝났는데도 움

직일 생각을 못 한다.

"아버지, 사람들 들어와요."

결혼식이 끝나기만을 기다리던 관광객들이 금세 성당을 메워버린다. 욥살라 대성당이 저잣거리의 성전으로 다시 돌아왔다.

잘못된
질문

무탈이와 함께 스톡홀름 도심으로 들어왔다. 도심을 찾아온 것이 아니고 아무것도 모르다 보니 도시의 한복판에 서 있게 되었다.

"이렇게 된 거 주차장에 무탈이를 세우고 시내 구경이나 하고 와서 다시 외곽에 정박지를 찾아봅시다."

박 여사의 지시로 주차장에 차를 세웠지만 핀란드 헬싱키에서 본 후 처음으로 다시 만난 무인주차기계와 한참 씨름을 한다.

"도와드릴까요?"

헤매고 있는 우리에게 한 청년이 다가온다.

"얼마 동안 주차하실 겁니까?"

"4시간 정도…."

무인주차기계 작동법을 알려준 후, 출력된 영수증을 자동차 유리창 안쪽에 놓아두면 된다고까지 친절하게 설명해준 청년에게 아버지가 궁금했던 것을 묻는다.

"4시간 이후에 오면 어떻게 됩니까?"

"그러면 5시간짜리 티켓을 끊으세요."

"아니, 4시간짜리 티켓을 끊을 건데, 만약에 1시간 늦게 오면 어떻게 되는지…."

1시간을 초과하면 벌금을 내는 것인지, 견인을 당하는 것인지 궁금했던 것이다. 그런데 이 친구는 이 질문 자체를 이해하지 못한다. 4시간에 대한 요금을 지불했으면 그때까지 오면 되는 것을 왜 '벌칙'에 관하여 궁금해하냐는 것이다. 이 친구, 동방에서 온 이상한 가족의 이상한 질문에 어이가 없다는 표정으로 돌아선다.

그러게… 우리는 지키라고 있는 공공의 약속을 왜 안 지킨다는 전제하에 잘못된 질문을 던진 것일까?

Photo Essay 진영

대부분의 시간을 운전으로 보내는 아버지는 캠핑장에 와야 좀 쉬실 수 있다. 모닥불 앞에서 긴장을 풀고 술 한잔하시는 아버지가 여유로워 보인다. 보는 사람의 마음까지 편안해진다. 아버지, 운전하시느라 수고 많심더!

삶과 죽음이 공존하는 공동묘지

"공동묘지가 세계문화유산이래요. 함 보고 내려갑시다."

스톡홀름을 뒤로하고 덴마크로 향하는 출발 준비에 바쁜 가족에게 박 여사가 말씀하신다.

"어머니, 공동묘지를 굳이…."

"입장료도 없단다. 니들은 안 궁금하나? 공동묘지가 유네스코 세계문화유산이란다."

박 여사의 입에서 이 정도의 말씀이 나왔으면 그곳이 어디가 되었건 가야 한다. 다섯 명이 함께하는 여행에서 의견이 제일 많이 갈리는 부분이 '보고 가자'와 '그냥 가자'다. 각자의 관점은 다르다. 그리고 그것은 존중되어야 한다. 하지만 여행 경로 문제는 모든 이의 의견을 다 수용할 수 없다. 해서 여행 초기에는 다수결에 의해 움직였다. 다행히 가족이 다섯이라 결론은 쉽게 났다. 3:2 혹은 4:1. 하지만 의견을 관철시킨 쪽의 기쁨보다 계획이 무산된 쪽의 슬픔이 더 크다는 것을 여행하면서 깨달았다. 피해자 쪽에서 나오는 어두운 기운이 안 그래도 좁은 집의 공기를 더 답답하게 했던 것이다. 투표의 패배를 경험한 아이들은 상대방을 위한 양보가 더 마음 편하다는 걸 알게 되었다.

박 여사가 가지고 있는 정보에 의지하여 도착한 해 질 녘의 공동묘지, 스코그스키르코가르덴. 스톡홀름 우드랜드로 불리는 공동묘지다. 이곳에 들어서자마자 가족 모두가 박 여사의 의견이 옳았음을 깨닫는다.

아… 죽음을 이렇게 편안하게 정의할 수가….

아… 죽음을 이렇게 장엄하게 연출할 수가….

아… 산 자와 죽은 자를 이렇게 공존하게 할 수가….

가능하면 조상의 묘지를 집 가까이에, 성당 가까이에 두어 보살피고 추억하고자 하는 유럽의 장묘 문화에서 기인했겠지만 공동묘지에서 헤드폰을 끼고 조깅하는 아가씨와 석양을 무대로 사진 찍기에 여념 없는 연인, 유모차를 밀며 산보하는 부부, 한 평 남짓한 꽃밭을 다듬고 있는 노부부의 모습이 평화롭기 그지없다. 노부부가 손질하는 작은 꽃밭 한편에 소박한 비석이 없었다면 아마도 그곳은 그저 아름다운 정원처럼 보였을 것이다. 산 자의 휴식과 죽은 자의 품위까지 고려한 멋진 공간이다.

'공동묘지가 세계문화유산이라고?'

사실 몇 시간 전, 박 여사가 이곳에 가자고 했을 때 들었던 생각이다. 유네스코의 등재 기준은 모른다. 그리고 이 나라 사람들이 가지고 있는 삶과 죽음을 바라보는 관점은 더더욱 모른다. 하지만 박 여사가 이곳으로 가족을 인도한 이유는 알 것 같다. 죽음에 대하여 아이들과 이야기하고 싶어 하

는 아버지 때문이다.

아버지는 삶을 관장하는 분 입장에서 보면 멀어지고 있는 사람임에 분명하고, 죽음을 관장하는 분 입장에서 보면 다가오고 있는 사람임에 분명하다. 절대 바뀌지 않을 사실이고 만고의 진리다. 살기도 바쁜데 왜 죽음을 생각하나? 그래야 삶을 정리하면서 살 수 있고, 하루하루를 소중히 생각하며 살 수 있고, 모든 인연에 고마움을 느끼며 살 수 있기 때문이다. 언젠가 다가올 죽음은 상상만으로도 무섭다. 사랑하는 사람들과의 이별은 두렵다. 그러나 누구도 피할 수는 없는 일이고 그것 또한 삶의 일부다. 준비 없이 그놈에게 뒤통수를 맞고 싶지 않다. 그놈에게 느닷없이 당하면 모르긴 몰라도 무서움, 두려움, 억울함에 절규할 것이다. 그런 모습을 아이들이 지켜보게 된다면 아버지의 마지막 모습이 얼마나 추하겠는가. 떠남을 준비해야 한다. 그리고 아이들도 아버지를 보낼 준비를 해야 한다.

아이들과 함께 죽음을 편안하게 연출한 공동묘지를 산책하며 말한다.

"얘들아, 아버지는 언젠가 죽을 것이다. 인정할 수 있나?"

"…."

"너희가 알다시피 그것은 사실이다."

"…."

"그러니 아버지한테 잘해라! 하하하!"

죽음 역시 삶의 일부라는 어렵고도 무서운 이야기를 아이들과 편안하게 나눌 수 있게 해준 아름다운 공동묘지. 석양이 이 아름다운 공동묘지를 따뜻하게 보듬는다.

길 위의 집

우리는 덴마크의 아름다운 수도 코펜하겐을 출발하여 줄곧 달리고 있다. 핀란드, 스웨덴의 황홀한 캠핑장에 정신줄을 놓아버린 탓에 시간이 많이 지체되었다. 그렇다고 이 여행의 반환점인 포르투갈 호카곶까지 언제까지 가야 한다, 라는 법은 없다. 누가 시킨 것도 아니니 우리 발 닿는 대로 가면 된다. 하지만 프랑스 파리에는 빨리 가고 싶다. 바퀴 굴려 한국에서 파리까지 왔다고 자랑하고 싶어서가 아니라 그곳에 40년지기 벗이 살고 있기 때문이다. 지나온 여행의 이야기를 과대 포장해도 맞장구쳐줄 편안한 친구와 술 한 잔 기울이고 싶기 때문이다. 더불어 아이들에게 한국 음식을 먹이고 싶기 때문이다. 아이들은 많은 것을 잘 견디고 있다. 하지만 한국 음식 이야기가 나오면 이야기가 달라진다. 그리움을 넘어선 괴로움에 머리채까지 움켜쥐며 절규에 가까운 괴성을 지른다.

우리 집은 매일 조금씩 움직이는 길 위의 집이다. 아침에 문을 열면 매번 다른 풍경을 안겨주는 마법의 성 같은 집이지만 참으로 좁다. 아이들은 각각 사과 박스 크기의 종이 상자 하나에 사계절 옷을 다 담았다. 집에서는 정리를 잘 몰랐던 아이들이 선방 스님처럼 옷상자를 정리한다. 그러지 않으면 이 좁은 집에 엉덩이를 붙일 곳이 없다는 걸 너무도 잘 알고 있기 때문이다. 이제 속옷도 각자 세탁한다. 구석에 처박아놓을 데도 없고, 따로 세탁해줄 사람도 없기 때문이다. 누구도 지시한 사람은 없다. 여행이, 환경이 그렇게 만들었다.

여행만 갔다 오면 보통의 아이들과는 달라질 것이다?

1년 동안 많은 것을 보았으니 큰마음을 가진 아이가 될 것이다?

아마도… 그렇지 않을 것이다. 그렇게 되지 않을 것이다. 여행은 여행일 뿐이다. 다만 아버지는 아이들이 이 여행을 통해 자기 물건을 정리할 줄 알고, 자기가 가진 물건에 감사할 줄 알았으면 하는 바람이 있을 뿐이다.

"아버지, 독일 입성 기념으로 캠핑장 함 갑시다! 샤워 좀 합시다!"

스웨덴의 세계문화유산 욀란드 섬에서 체류하는 동안 캠핑장을 이용하곤 줄곧 도로변 주차장이나 휴게소 주차장만 이용하며 독일까지 내려왔다. 워낙 유럽의 공중화장실과 주차 시설이 좋은 까닭도 있었지만 괜히 마음이 바쁜 탓에 일주일간 쉬지 않고 정신없이 달려온 것이다.

덴마크-독일 국경에서 100여 킬로미터를 달려 도착한 도시 노이뮌스터. 이 도시의 캠핑장에서 하룻밤을 지내기로 하고 생필품 구입을 위해 슈퍼마켓에 무탈이를 주차하고 있는데 풍채 좋은 전형적인 독일계 아주머니가 무탈이를 향해 다가오신다.

"와! 한국에서 여기까지? 우리 마을에는 어떻게 오셨어요?"

"근처에 있는 캠핑장에 갑니다."

"우리 집에 갑시다. 여행객은 돈 아껴야 돼요."

"예?"

"우리 집 마당에 주차하고 주무세요. 따라오세요."

이 아주머니, 막무가내로 자기 승용차를 따라오라며 앞서 출발하신다. 풍채와 비례하는 목소리가 우리가 안 따라가면 끌고라도 갈 기세다. 10분 정도 달려 도심을 지나자 비슷비슷한 집들이 모여 있는 고요한 주택가가 나타난다. 그중 한 집 마당에 차를 세운 아주머니가 무탈이도 그곳에 들어갈 수 있도록 안내하신다. 그 목소리가 동네 사람 다 듣고도 남을 정도다. 혹시 남의 집 작은 대문이라도 다칠까봐 박 여사까지 나서서 주차를 지시하는 통에 정신이 하나도 없다. 이 왁자지껄한 소란에 집에 있던 꼬마 여자아이 둘이 달려 나온다. 우리를 초대한 '산드라'의 아이들이다.

앞마당에는 작은 잔디밭, 뒷마당에는 넓은 채소밭과 흙 놀이터가 있는 이 집 거실에 들어서니 세계 각국의 북들이 눈에 들어온다. 한시도 가만히 있지 않는 두 딸의 장난감이란다. 아이들이 한국에서 온 언니 오빠들에게 자랑한다며 북을 두드려대는데 산드라의 말처럼 북들은 악기라기보다 장난감에 가깝다. '북 두드려 패기'를 끝낸 꼬마들이 오빠들 손을 잡고 새로운 자랑거리가 있는 뒷마당의 흙 놀이터로 나간다. 흙 놀이터와 거실을 맨발로 정신없이 뛰어다니는 아이들 틈바구니에서 산드라가 내어 온 차를 마시자니 차가 코로 들어가는지 입으로 들어가는지 모르겠다.

"북이 좋아 보이는데 아이들에게 연주하는 방법은 안 가르칩니까?"

"뭘 가르칠 나이가 아닙니다. 만져보고 두드려보고 느낄 나이죠."

북은 연주용이라는 게 우리의 관점이고, 북은 아이들이 두드려보며 촉감과 소리를 느끼게 하는 교재라는 게 산드라의 생각이다. 맞는 말씀이다.

초대에 대한 감사의 표시로 박 여사가 채식주의자인 산드라에게 김치 담그는 법을 가르쳐준다. 박 여사는 한국 음식을 그리워하는 가족들을 위해 배추와 비슷한 채소만 보이면 한국에서 가지고 온 멸치 액젓과 고춧가루로 김치를 만들었다. 하지만 그러는 것도 몇 번. 결국 김치 담그는 것을 포기했는데, 익어가는 김치의 냄새 때문이었다. 관광을 위해 몇 시간 집을 비운 후 돌아와 맡는 김치 냄새는 김치를 평생 먹어온 우리조차 당혹스러울 정도였다. 주변에 이와 유사한 냄새를 가진 것이 없기 때문에 그 냄새는 더더욱 강력했다. 우리도 이럴진대 우리의 집을 기웃거리는 현지인들에게는 실례에 가까운 냄새 아니겠는가. 남의 나라를 다니며 '김치는 대한민국의 대표 음식입니다. 맛 한번 보세요!'라고 떠들 때가 있고 떠들지 말아야 할 때가 있다. 지금 박 여사는 산드라에게 김치에 대해 떠들고 있다. 연신 '원더풀!'을 외치며 하얀 쌀밥 위에 김치를 얹어 먹는 산드라. 그러는 동안에도 그녀의 아이들은 쉬지를 않는다. 진우는 자신을 유독 따르는 아이들의 응석을 받아주느라 녹초가 되어 있다.

"아버지, 이제 누가 집에 초대하면 아이들 있냐고 물어보고 옵시다!"

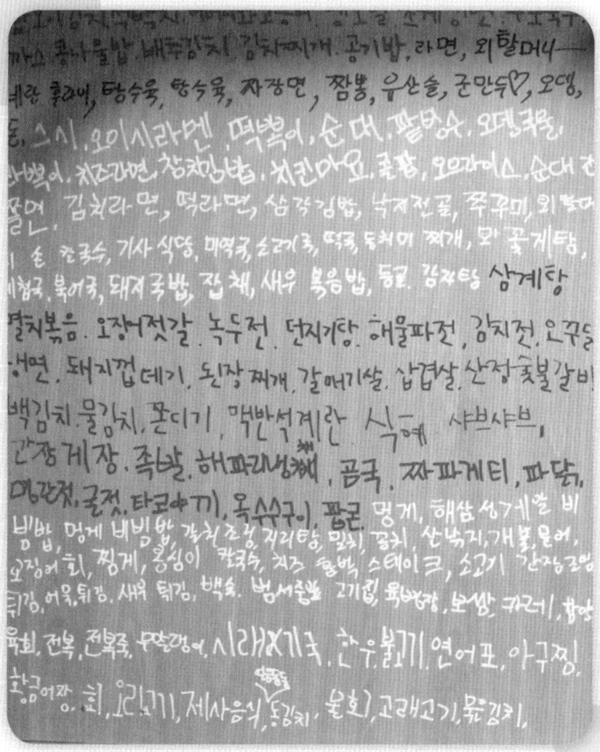

Photo Essay 진우

여행을 하면서 가장 힘든 게 뭐냐고 묻는다면 1초의 망설임도 없이 한국 음식에 대한 그리움이라고 말하겠다. 이 그리움은 상상 이상의 스트레스를 안겨준다. 가끔이지만, 캠핑장 입성을 축하하려고 어머니가 김치를 담그실 때가 있다. 그때 먹는 김치 맛이 그야말로 꿀맛이다. 한국에서는 잘 먹지 않던 겉절이가 이렇게 맛있고 고마운 음식인 줄 이번 여행을 통해 알았다. 이빨 사이에 낀 고춧가루마저 감사하다. 우리는 한국 음식이 생각날 때마다 무탈이 실내 벽에 그 음식의 이름을 써두었는데, 그 벽이 우리의 글씨로 벌써 다 차버렸다.

집시가 본
집시 가족

"아버지, 목적지를 프랑스 파리 삼촌 집으로 찍었심더."

"몇 킬로미터 나오노?"

"1000킬로미터밖에 안 남았심더. 파리로 달려갑시다!"

노이뮌스터를 나와 독일의 자랑인 속도 무제한 고속도로 '아우토반'에 올라선 가족 모두가 들떠 있다. 제2의 베이스캠프로 삼은 아버지 친구의 파리 집이 이제 코앞으로 다가왔기 때문이다. 시베리아를 지나 북유럽을 넘어올 때까지도 가족 모두에게 파리는 손에 잡히지 않는 그리움의 대상이었다. 하지만 이제 1000킬로미터 남았다. 추상적으로만 느껴지던 장소가 이제 현실 속 장소로 변했다.

아우토반을 미끄러지듯 달리고 있는 무탈이가 들썩이다 못해 휘청이고 있다. 다윤이가 또래 아이들이 좋아하는 음악을 크게 틀어놓고 동생들과 함께 머리를 흔들며 괴성에 가까운 노래를 부르고 있어서다. 먼 길을 달려 드디어 목적지를 지척에 둔 나그네만 아는 즐거움이다. 속도 무제한 고속도로를 시속 80킬로미터로 달리니 무탈이를 향해 경적을 울리는 차들이 점점 늘어난다. 그래도 할 수 없다. 우리는 창밖을 볼 여유도 없이 최선을 다해 달리고 있으니까. 삶의 속도건 차량의 속도건 빠르면 놓치는 것이 참 많다. 아우토반은 말 그대로 경쟁하듯 달리는 도로이지 여행하듯 달리는 도로는 아니다.

고딕 양식으로 세계에서 세 번째 규모라고 하는 라인 강변의 고색창연한 '쾰른 대성당'과 갈 길 바쁜 가족의 발목을 잡는 몇몇 관광지를 슬쩍슬쩍 구경하며 룩셈부르크로 향한다. 독일과 룩셈부르크 국경을 이루는 모젤강가의 고성들과 산비탈의 포도밭이 또 다른 문화와 환경 속으로 들어왔다는 것을 알려준다. 제주도보다 조금 더 큰 룩셈부르크는 면세 국가로 유명하다. 그저 면세이지 공짜로 주는 것도 아닌데 북유럽과 독일의 물가를 경험한 박 여사가 물건값이 싸다며 장을 보기 시작한다. 물건값이 싸다고 안 사도 되는 물건을 바구니에 넣다 보니 결국은 저녁 부식비가 북유럽보다 더 나왔다. 우리나라 아줌마들 계산 방법 참 특이하다. 세일한다고, 싸게 판다고 많이 사가지고 와서 돈 벌었다고 주장한다.

슈퍼마켓과 주유소만 들른 룩셈부르크를 1시간 만에 통과하여 프랑스 국경을 넘는다. 그래도 파리까지는 400킬로미터 남았다. 오늘은 이곳에 정박하기로 하고 도로변 휴게소에 진입하는데 생소한 풍경이 눈에 들어온다. 한 무리의 사람들이 승용차를 에워싸고 그 안에 탄 사람과 실랑이를 벌이고 있다. 무탈이 바로 앞의 상황이다.

"아버지, 저 사람들이 뭘 사라고 하는가 봅니다."

차가 앞으로 나아가지 못하게 막고 서 있는 아랍계 젊은이 두 명과 할아버지 한 분이 자기들 손가락에 끼워져 있는 반지를 빼내어 흥정 중이다. 그 모습이 가히 강매 수준이다. 그들이 타고 온 차량으로 보이는 남루한 승용차 곁에는 인도풍 옷을 두른 두 여인이 각자의 아이들을 안은 채 다음 손님인 우리를 쳐다보고 있다. 말로만 듣던 집시들이다!

강매에 성공한 건장한 젊은이가 승용차가 떠나기 무섭게 주머니에서 새로운 반지를 꺼내 끼고 다음 손님인 우리를 쳐다본다. 우리의 예상대로라면 이제 그들이 무탈이 앞으로 와야 할 순서인데, 이 친구들 자기들 아지트인 승용차로 돌아가 작전 회의를 시작한다. 처음부터 우리를 관찰한 여인들이 펼치는 브리핑이 회의의 상당 부분을 차지하고 있다.

"내리지 마세요! 여기에 우리 차밖에 없어요!"

차에서 내리려 하는 아버지를 박 여사가 막는다.

"아이고, 걱정 마소! 어디 한두 번인교? 자들이 우리를 더 무서워하고 있심더."

아버지가 차에서 내리자 한 남자가 잔뜩 경계하며 묻는다.

"어디서 왔어?"

"한국."

"여기는 왜 왔어?"

"가족 여행."

이 한마디에 남자의 얼굴이 부드럽게 변한다. 그러더니 아지트 쪽으로 손을 흔들어 동료들을 불러 모은다.

"반가워. 우리는 당신들이 집시 가족인 줄 알았어."

"이 양반아, 우리가 어디를 봐서 집시 꼴이고? 야들아, 이 집시들이 우리

EUROPE
ppeppe.net
AH6
AH1
ppeppe family
버스로 가는 유라시아 대륙횡단
Family's Eurasian transcontinental
GAP

더러 집시인 줄 알았단다."

"아버지, 저 집시들보다 지금 우리가 더 집시 꼴임더!"

여름용 몸빼 바지와 추리닝 상의, 거기에 털모자를 쓰고 있는 아버지. 수면 바지에 등산 점퍼를 입고 털실로 직접 짠 뿔 달린 털모자를 쓰고 있는 박 여사. 군용 깔깔이 점퍼와 반바지를 입고 있는 다윤이, 잠옷이 평상복이 된 지 오래인 머스마들. 오늘 아침을 독일 비트부르크라는 작은 도시 인근의 고속도로 휴게소에서 맞이한 우리 가족은 아무도 씻지 않았고, 시베리아와 북유럽을 지나면서 만난 많은 사람들이 각국의 언어로 응원 메시지를 적어놓은 목욕 한 번 하지 못한 무탈이는 집시들의 차와 별반 다를 게 없다. 가만히 우리를 보고 있던 남자가 엄지를 치켜세우며 말한다.

"당신들이 진정한 집시야!"

"아버지, 집시가 우리더러 집시라 하면 욕입니까? 칭찬입니까?"

친구, 라는 이름

드디어 에펠탑이 보인다. 동해의 간절곶을 출발한 지 117일, 1만 7000킬로미터를 달려 프랑스의 수도 파리에 들어왔다. 대한민국에서 바퀴만 굴려 파리까지 온 것이다. 에펠탑이 보이는 순간 가족들 모두가 환호한다. 에펠탑이 가진 아름다움 때문도, 그것이 가진 위용 때문도 아니다. 무엇인가에 홀려 에펠탑을 이 여행의 쉼터로 삼았고, 멀기만 했던 그 쉼터에 드디어 다다랐기 때문이다. 그리고 파리에는 아버지의 40년지기 친구가 살고 있다. 몸도 마음도 지친 우리 가족의 오아시스가 이곳에 있다.

전쟁에서 승리한 병사들의 마음으로 무탈이를 몰아 파리 시가행진을 시작한다. 나폴레옹 1세가 승리를 기념하여 건설을 명했지만 정작 본인은 지나가보지도 못한 개선문이 있는 에투알 광장을 세 바퀴 돈 후, 프랑스인들이 세상에서 가장 아름다운 거리라 자랑하는 샹젤리제 거리를 행진한다.

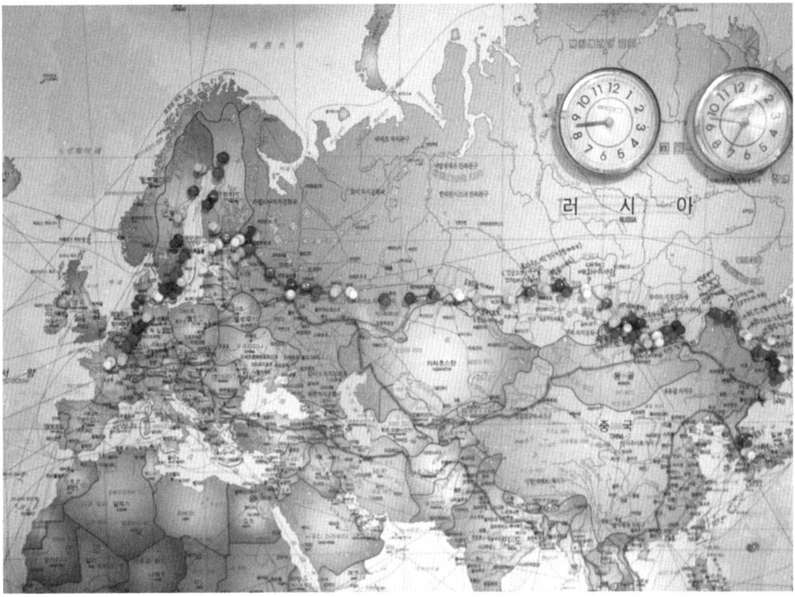
러 시 아
중 국

147 BFK 75

루이 16세와 마리 앙투아네트 등 1000여 명이 처형된 공개 처형장이었지만 후에 '화합'을 뜻하는 '콩코르드'로 개명된 콩코르드 광장을 또 세 바퀴 돈 후, 다시 샹젤리제 거리로 돌아온다. 행진하는 동안 파리지앵들과 세계 각국에서 온 관광객을 향해 "우리는 바퀴 굴려 한국에서 여기까지 왔다!"고 소리쳤지만 알아봐주는 사람은 없었다.

그렇게 도착한 우리의 오아시스. 부부 내외만 사는 작은 집에 불청객 다섯 명이 거지꼴로 들이닥쳐 김치찌개를 만들어달라, 삼겹살을 구워달라, 된장찌개를 끓여달라… 말도 많다. 멀리서 온 집시 꼴의 가족을 웃는 얼굴로 맞아준 이 집의 주인장은 아버지의 중학교 친구다.

까까머리 중학교 시절, 방과 후 으슥한 뒷골목에 쪼그리고 앉아 어렵게 구한 외국 성인 잡지의 구겨진 낱장을 마른침을 삼켜가며 보던 두 꼬마가

40년 뒤, 프랑스 파리의 뒷골목 노천카페에 아무 말 없이 앉아 있다.

한국에서 차를 몰고 우여곡절 끝에 여기까지 온 가족의 이야기를 묻지도, 말하지도 않는다. 친구의 타향살이에 대해 묻지도 말하지도 않는다. 그저 카페를 오고가는 행인들을 무념무상 바라보고 있다. 박 여사는 시아버지 얼굴을 본 적이 없다. 그러나 이 친구는 박 여사의 시아버지가 술 드실 때의 모습도, 몸져누워 계실 때의 모습도 알고 있다. 우리 아이들은 아버지의 학창시절, 그리고 20대의 방황하는 모습을 모른다. 하지만 이 친구는 아버지의 좌절과 방황을 옆에서 지켜봤다.

아버지와 친구는 모든 것이 다르다. 체격 조건, 먹는 것, 종교, 잠버릇까지 아무리 찾아보아도 비슷한 구석이 없다. 친구는 아버지에게 구하는 것과 바람이 없다. 아버지 또한 친구에게 그러하다. 각자가 가진 재화, 또는 사람 관계를 공유한 적도 없다. 각자가 가진 재주를 합쳐보자는 논의와 시도는 몇 번 있었지만 혹여 허물이 생길까 서로 한 발짝씩 물러났었다.

이처럼 오랜 세월 허물없는 사이가 지속될 수 있었던 건 전적으로 이 친구 덕분이다. 두 사람이 오랜 시간을 좋은 관계로 함께하려면 적어도 두 사람 중 한 사람은 관용과 이해심을 가지고 있어야 한다. 이 친구가 그것을 가지고 있다. 그런 친구가 유라시아대륙 일주의 중간 기착지, 프랑스 파리에 살고 있는 덕에 가족 모두가 몸과 마음을 풀어놓고 오랜만에 쉬어본다.

그나저나 친구는 그렇다 쳐도 친구의 부인은 무슨 날벼락인교?

제수씨! 우리 가족 치다꺼리하시느라 고생 많소! 그리고 고맙소!

Photo Essay 다윤

문식이 삼촌은 기타를 선수급으로 치신다. 삼촌의 연주를 듣고 있던 진우가 말한다.

"삼촌… 아버지 피곤하실 때 기타 연주 들려드리게… 기타 하나만…."

진우의 한마디에 흔쾌히 기타 하나를 사주신 문식이 삼촌. 파리에 와서 에펠탑도, 루브르박물관도, 몽마르뜨 언덕도 볼 수 있어 좋았지만, 문식이 삼촌이 있어서 가장 좋았다. 이제 막 기타를 치기 시작한 진우가 시간만 나면 기타 연습에 들어간다. 뭐든 열심히 하는 건 좋은 거다. 나도 이 여행이 끝나기 전에 취미 하나가 생겼으면 좋겠다.

파리
에필로그

배 깔고 누워 움직일 기세가 전혀 없는 아버지와 박 여사, 삼촌, 숙모를 남겨두고 아이들이 파리자연사박물관을 다녀오겠다며 집을 나선다. 전시 디자인이 직업이었던 아버지는 자연사박물관에 몇 번 올 기회가 있었다. '노아의 방주'를 주제로 한 동물군의 전시 방법에 숨이 막혔던 기억과, 3층 구석에서 주변 연출과 무관한 기린 한 마리가 목을 빼고 노아의 방주를 내려다보고 있는 명장면에 미소를 지었던 기억이 선명하다. 사실 다시 보고 싶다는 게 진심이다. 그러나 오늘은 아이들만 보낸다. 아버지가 가면 아이들이 묻지도 않은 것을 설명하려 들 것이다. 아이들이 저쪽을 보자 하면 '아버지가 와봐서 아는데 그쪽은 재미없다, 이쪽이 재미있다.'며 아이들의 갈 길을 막을 게 뻔하다. 오늘 아이들이 무엇을 볼지는 모른다. 분명한 것은 아버지와 다른 생각, 다른 환경에서 자신들의 가슴으로 작품을 대할 것이란 사실이다.

아버지의 환경과 아이들의 환경은 다르다. 아버지의 생각과 아이들의 생각은 다르다. 그러니 서로가 살아갈 세상도 다르다. 그 다름을 인정해야 될 때가 되었음을 느낀다. 아이들이 무엇을 보았을까? 무엇을 느꼈을까? 알 필요 없다. 아이들의 인생이다. 궁금해하지 않아야 한다. 아버지와 박 여사는 그 훈련이 필요할 때다.

아이들과 만나기로 한 루브르박물관 광장으로 가기 위해 박 여사와 길을 나선다. 바스티유 광장 인근의 친구 집을 출발하여 루브르박물관까지, 유람선이 유유자적 흘러가는 초가을의 센 강을 따라 여행 후 처음으로 부부 둘이서만 걸어본다. 늘 다섯이 함께 걸어온 여행이다.

"샹젤리제에 있는 명품 가게는 못 가도, 쁘랭땅 백화점은 가봐야 되는 것 아닌교? 뭐 사고 싶은 것 없는교?"

파리에 관광 온 우리나라 아줌마들이 꼭 들른다는 두 곳의 '천국'을 가보자는 아버지의 호기에 박 여사가 답한다.

"사고 싶은 것이야 많지요…. 그런데 돈 없이 그곳에 가면 지옥입니다."

"그래도…."

"산다고 해도 구입한 물건들이 앞으로 지나갈 국경검문소를 무사히 통과할 수 있다는 보장도 없다 아인교?"

말끝에 잠깐 기다리라고 말한 박 여사가 잠시 후, 아이스크림을 손에 들고 돌아온다.

"다윤이 아버지! 우리가 여행 출발할 때 파리 센 강가에 앉아 여유롭게 아이스크림을 먹을 것이라 상상해보셨는교? 어찌어찌하여 여기까지 왔심더… 와, 진짜 멋집니더!"

어느 가을날 프랑스 파리의 센 강가에서 부부가 누린 호사스러운 추억은 여행 후에 찾아올 '궁핍함'이라는 악마와 맞설 좋은 무기를 될 것이다. 부부가 같은 곳을 바라봤던 추억, 게다가 그것이 초가을 센 강가에서의 호젓한 산보라면 분명 대가를 지불할 만하다.

그렇게 아름다운 추억을 만들며 루브르박물관 광장에 도착한다. 전시품 3만 5000여 점, 소장품 40만여 점, 하루 방문객 1만 5000여 명. 숫자만 나열해도 어마어마한 박물관임에는 틀림없다. 저 많은 전시품과 소장품을 수집하느라 고생 좀 했겠구나, 하는 생각이 든다. 강화도까지 군대를 끌고 와 조선왕조의 기록물이 담긴 책자까지 수집했으니 다른 나라의 문화재, 미술품에 대한 애착은 또 얼마나 대단들 하셨는지. 아버지는 이 박물관의 전시품과 소장품이 부럽지 않다. 그런데 유구한 역사를 가진 왕궁의 마당 한가운데에 있는, 루브르박물관 입구로 사용하고 있는 생뚱맞은 유리 피라미드는 정말 부럽다.

이 유리 피라미드는 지난 1981년, 루브르 궁전의 새로운 입구를 만든다는 국제 공모에서 채택된 중국계 미국인 건축가의 작품이다. 사실 아버지도 유리로 된 이 건축물의 아름다움과 조화에 대해서는 잘 모른다. 정녕 부러운 것은 재기 발랄하다 못해 생뚱맞기까지 해서 온갖 논쟁과 비웃음의 대상이었던 젊은 작가의 설계안을 루브르의 미래가 되겠다, 라고 판단한 전문가들의 심미안, 그리고 그 심미안을 믿고 시민을 설득한 미테랑 당시 대통령의 뚝심이다. 결론적으로 당대에 비웃음을 샀지만 결국 '새로운 것'을 추구하는 이들에 의해 세워진 유리 피라미드는 비슷한 과정을 밟았던 에펠탑과 함께 파리의 랜드마크가 되었다.

이제 다시 길을 나서야 한다.

훌륭한 친구와 제수씨를 둔 덕분에 가족 모두 나사가 풀렸다. 아이, 어른 할 것 없이 삼복더위를 피해 나무 그늘에 들어가 늘어져 있는 똥개의 모양새다. 시베리아의 험로, 유럽의 이름 모를 주차장에서 노숙하며 조여진 여행의 긴장이 모두 풀어졌다. 쉬는 것도 요령이 필요하다는 것을 미처 몰랐다. 어떻게 수습해야 될지 모를 정도의 늘어짐이다. 하지만 이제는 떠나야 한다. 다시금 여행 속에 몸을 실어야 한다.

"야들아, 다시 시작하자, 집시 생활!"

이제 우리 가족은 이 여정의 반환점인 유라시아대륙의 서쪽 끝, 포르투갈 호카곶으로 향한다.

www.ppeppe.net
KOREA
AF-649-DC

엉뚱한 모래사막과 엉뚱한 아이

프랑스 고속도로는 통행료를 지불해야 한다. 물론 우리나라도 그러하니 놀랄 일은 아니다. 그러나 핀란드, 스웨덴, 덴마크, 독일의 환상적인 고속도로를 공짜로 이용한 가난한 여행객 입장에서는 놀랄 일이다. 잠깐 옆 동네로 마실 가는 것이라면 문제없다. 하지만 파리에서부터 스페인 국경까지의 거리는 1000킬로미터 정도다. 아우토반을 달려본 경험치로 고속도로는 여행을 위한 도로가 아니다, 라는 핑계를 대며 우리 가족은 돈 안 받는 프랑스의 국도로 들어가 스페인으로 향한다.

국도를 달리며 본 프랑스 중부 지방은 한 폭의 수채화같이 아름다웠다. 어느 한 곳 눈 두지 않을 데가 없었다. 오죽하면 이 풍광을 볼 수 있게 해준 돈 받는 프랑스 고속도로가 고마웠겠는가. 그렇게 아름다운 풍경 속을 달려온 우리는 대서양이 보이는 작은 마을, 아르카숑에 무탈이를 세운다.

아르카숑은 기묘한 모래언덕, '파일라'로 유명한 곳이다. 모래언덕의 모양이 신비로워서 유명해진 게 아니다. 모래언덕이 자신과는 전혀 어울리지 않는 엉뚱한 곳에 펼쳐져 있기 때문에 유명해진 것이다. 이 마을은 사막이 있어야 할 곳이 아니다. 유명한 포도밭에 이웃해 있는 그저 작은 마을일 뿐이다.

이렇게 엉뚱한 곳에 모래언덕이 생긴 이유는 이러했다. 아르카숑 앞바다의 수면은 모래가 보일 정도로 낮다. 모래 중 일부는 물 밖으로 드러나 있다. 그런데 대서양에서 시작된 바람이 이 동네로 지속적으로 불어왔다. 바람에 실려 온 모래는 해변에 있던 울창한 숲에 가로막혀 앞으로 나아가지 못했다. 모래는 1년에 4미터씩 쌓이며 모래산을 이루었다. 그러자 '집을 삼킨 모래언덕' '움직이는 거대한 사막' '숲 먹는 모래가 나타났다' 등의 다소 자극적인 언론 기사가 세간에 퍼져 나갔다. 덕분에 이곳은 유명 관광지가 되었고, 우리 가족도 그 소문에 이끌려 이곳을 찾아온 것이다. 엉뚱한 곳에 있다는 이유 하나만으로 세계 각국의 관광객을 끌어모으고 있는 모래언덕, 파일라. 맨발로 그 정상에 올라 가끔은 엉뚱하게 사는 것도 괜찮겠다는 생각을 해본다.

다윤이가 이 엉뚱한 모래언덕에서 열아홉 번째 생일을 맞는다. 양초가 없어 담배를 대신 꽂아 만든 높이 100미터, 폭 500미터, 길이 3킬로미터의 초대형 모래 케이크.

"다윤아! 생일 축하해!"

우리의 엉뚱한 행동에 의아해하던 세계 각국의 관광객들이 지금 자신들이 밟고 있는 모래언덕이 열아홉 살 아가씨의 생일 케이크인 것을 알고는 다들 기쁘게 웃으며 생일 노래를 불러준다.

이곳은 대한민국의 고3 아이가 있어야 할 곳은 아니다. 혹시 무모한 아버지의 엉뚱한 발상이 재기 발랄하고 총명한 이 아가씨의 미래를 막은 것은 아닐까? 이 여행을 위해 고등학교 1학년을 마치고 자퇴한 아이, 열일곱 살부터 아르바이트로 자기 용돈을 충당하고 있는 자립심 강한 아이, 친구들 사이에서 영혼이 맑은 아이라 불리는 아이. 이 아이는 아직까지 하고 싶은 공부를 찾지 못했다. 여행을 하면서 무대 디자인, 영상 제작, 마케팅, 이벤트, 패션, 외교관 등의 단어가 들리기 시작한 것은 정말이지 다행이다. 아직 더 많은 경험이 기다리고 있는 이 여행이 끝날 즈음, 더 많은 꿈에 머리가 복잡해질지, 드디어 찾은 하나의 꿈을 향해 열심히 나아갈지… 이 아이도 아버지도 모른다. 그저 아버지는 이 아이가 맑은 영혼을 가진 아이라 계속 불렸으면 하는 바람을 가져본다.

참, 박 여사의 유전자 덕분에 작지 않은 키, 준수한 외모, 총명한 머리, 개념 있는 사고를 가진 다윤이에게 딱 하나 미안한 게 있다. 어머니, 아버지의 집안을 통틀어 유전적으로 전해지는 등과 가슴이 동일한 형태의 몸매를 물려준 것!

"다윤아, 미안하다! 하하하!"

산티아고 순례자의 눈물

프랑스에서 육로로 스페인에 가려면 반드시 피레네산맥을 넘어야 한다. 그곳을 넘기 위해 우리 가족은 피레네산맥의 관문인 프랑스 생장피드포르라는 마을에 베이스캠프를 차렸다. 이곳에서 스페인 중부를 대각선으로 통과하면 약 1000킬로미터 만에 포르투갈 호카곶에 닿을 수 있다. 그러나 우리 가족은 피레네산맥을 넘어 시작되는 이베리아반도 북부 지방을 횡단하여 산티아고 순례길의 종착지인 산티아고 데 콤포스텔라를 찍고, 다시 이베리아반도 서쪽의 대서양을 따라 호카곶으로 내려가기로 한다. 삶을 돌아보고 싶을 때 찾아가는 길이라 불리는 산티아고 순례길을 가족 모두와 함께 지나가보고 싶어서다.

그 옛날의 산티아고는 예수 그리스도의 제자 야곱이 복음을 전하기 위해 걷던 길이었고, 중세의 산티아고는 성직자들이 야곱의 유해를 모신 산티아고 데 콤포스텔라 대성당으로 가기 위한 순례길이었다. 그리고 지금의 산티아고는 세계 각국의 사람들이 자아를 찾기 위해 걷는 나그네의 길이 되었다.

유네스코가 세계문화유산으로 지정한 산티아고 순례길은 본디 아름다운 길이기도 하지만 유명 작가가 이 길에 대한 책을 내면서 더 유명해졌다. 거기에 구간별 스탬프와 완주 증명서를 발급해주는 이벤트까지 더해지면서 이곳은 말 그대로 '대박' 관광 상품이 되었다. 산티아고 순례길의 종착지는 하나다. 하지만 출발지는 여러 개다. 그중에서 가장 인기 있는 출발지가 바로 이 마을, 생장피드포르다.

산티아고 순례길이 인기를 누리고 있는 것만은 분명하지만 누구나 이 길을 걸을 수 있는 건 아니다. 무거운 배낭을 짊어지고 한 달간 매일 20~30킬로미터씩, 총 800킬로미터의 길을 걸어야 한다. 무탈이와 함께 이동하는 우리 가족이 그 고난의 길을 걸을 수는 없다. 그저 우리 아이들이 스스로 고난을 지고 가는 나그네들의 뒷모습을 봤으면 좋겠다. 비록 차 안에서 편안하게 보는 풍경에 불과하겠지만 그들의 뒷모습을 보며 아이들이 무언가를 생각했으면 좋겠다.

무탈이를 정박시킨 후 산티아고 순례길 안내 센터에 가본다. 한 해 방문자 수에 관한 서류를 열람하다가 놀라운 사실을 발견한다. 프랑스인, 스페인인, 독일인, 이탈리아인 다음으로 한국인이 이곳을 가장 많이 찾아온다는 기록이었다. 미국인보다 많은 수였다.

왜? 이 멀리까지…?

안내 센터에서 대충 들은 이야기로는 한국인 순례자 대부분이 20대 젊은이들이란다. 그들이 짓무른 발과 저린 어깨를 참아내며 걸은 이 순례길에서 고난을 통한 자기 성찰, 세계 각국의 젊은이들과의 교류, 그리고 자신의 밝은 미래와 이곳의 아름다운 풍광 모두를 가슴에 담아갔기를 간절히 염원해본다.

피레네산맥을 따라 스페인에 들어선다. 스페인은 분명 유럽 땅이다. 그렇게 알고 왔다. 그러나 지금까지의 유럽과는 다르다는 느낌이 강하다. 무탈이와 함께 우랄산맥을 넘어본 우리 아이들은 높은 산을 넘으면 나라의 이름과 상관없이 음식과 기온이 달라진다는 것을 알고 있다. 시베리아에서 우랄산맥을 넘어 모스크바에 도착했을 때도 풍광은 그 이전과 이후가 달랐다. 그러나 큰 산을 넘지 않고 평지로 이어져 있던 모스크바와 핀란드, 스웨덴, 덴마크, 독일, 프랑스는 사람살이가 조금 달라졌을 뿐 자연의 풍광이 크게 변하지는 않았다. 최고봉이 3404미터(아네토 산)에 이르고 길이 약 430킬로미터, 대서양에서 지중해까지 프랑스와 스페인을 동서 방향으로 완전히 가로막고 서 있는 피레네산맥도 많은 것을 바꾸어놓았다. 땅의 색부터가 다르다. 사람의 모양새도 다르다. 그리고 음식도 다르다.

오래된 길 위에 확장된 새로운 길을 지날 때마다 산티아고 순례길의 종착점을 향해 묵묵히 걸어가고 있는 순례자와 동행하게 된다. 그들이 왜 한 달여를 걸어가고 있는지 알 수 없다. 누가 시킨다고 할 수 있는 일이 아니다. 각자의 사연은 알 수 없지만 오로지 자신의 판단으로 이곳을 걷고 있는 건 분명하다. 해야 할 것이 많은 세상이다. 그런데 왜 이곳에서 시간을 보내고 있는 걸까? 왜 사회와 현실에서 이탈하여 묵묵히 걷고 있는 걸까? 왜 돈도 안 생기는 일에, 그것도 무식한 방법으로 '쓸데없는 짓'을 하고 있는 걸까?

그런데,

그 쓸데없는 짓을 하고 있는 순례자의 뒷모습이 숭고해 보인다.

그 쓸데없는 짓을 하고 있는 나그네의 뒷모습이 아름다워 보인다.

그 쓸데없는 짓을 하고 있는 여행객의 뒷모습이 멋스러워 보인다.

순례자들이 한 달을 걸어야 도착할 수 있는 이 길의 종착지 산티아고 데 콤포스텔라에 우리는 3일 만에 도착한다. 산티아고 데 콤포스텔라 대성당에서 '쓸데없는 짓'을 한 순례자들을 위한 '향로미사'가 열리고 있다. 우리도 서둘러 성당으로 들어간다.

여섯 명의 사제들이 함께 잡고 있던 동아줄을 약간 풀어 천장에 있던 대형 향로그릇을 '야곱'의 시신이 안치된 제단 가운데로 내린다. 그걸 잡은 신부님이 알 수 없는 기도문을 외운 후, 향로그릇을 사뿐히 민다. 그러자 그것이 시계추가 움직이듯 진자운동을 시작한다. 향로그릇에서는 계속해서 연기가 피어오른다. 여섯 명의 사제들이 다시 동아줄을 잡아당기자 향로그릇이 포물선을 그리며 성당 안에 운집해 있는 순례자들의 머리 위로 날아오른다. 그리고 시작된 파이프오르간 연주. 그 장엄한 울림에 섞인 수녀님들의 아름다운 찬송 소리. 그리고 오로지 걸어서 이곳까지 도착한 사람들만이 누릴 수 있는 눈물. 그 길을 걷지 않은 우리가 알 수 없는 눈물이다.

유라시아대륙을 횡단한 가족

무탈이 속 공기가 예사롭지 않다. 제자리에 앉아 있는 가족들의 숨소리가 어딘지 모르게 들떠 있다. 특별히 이야기를 나누고 있지는 않지만 서로의 마음을 다 알겠다는 표정이다. 그렇다. 우리는 드디어 유라시아대륙 횡단을 눈앞에 두고 있다. 한없이 멀게만 느껴졌던 유라시아대륙의 서쪽 끝, 호카곶에 드디어 바퀴만 굴려 들어선 것이다.

2013년 6월 3일 아침,
해 뜨는 동해,
울산 간절곶을 출발한
빼빼가족,

138일,
1만 9696킬로미터를 달려

2013년 10월 18일 저녁,
해 지는 대서양,
포르투갈 호카곶에 도착하다!

대서양의 푸른 바다와 맞닿아 있는 대륙 끝에 호카곶 표지석이 보인다. '이곳에서 땅이 끝나고 바다가 시작된다….'라는 포르투갈 시인 카몽에스의 글귀도 보인다. 북위 38도 47분, 서경 9도 30분, 대륙의 끝이라는 표시도 보인다. 이 차디찬 표지석 앞에서 다섯 명의 가족이 서로를 부둥켜안은 채 한없이 울고 있다. 이 눈물의 의미는 우리 가족만이 알고 있다.

이곳에 보물 상자가 있는 것도 아니다.
이곳에 온다고 아이들의 상아탑이 보장되는 것도 아니다.
이곳에 시간과 돈을 보상해주는 판도라의 상자가 있는 것도 아니다.
하지만,
가족이 함께하며 이곳까지 오면서 이미 많은 보물 상자를 받았다.
가족과 함께한 여정에서 만난 자연이, 사람들이 아이들의 상아탑 선생님이었다.
가족이 함께한 추억이 담긴 판도라의 상자를 이미 가졌다.
어쩌면 호카곶은 허상의 목적지였다. 매일 허상을 쫓는 세속의 범인들처럼 우리 가족도 매일 허상을 쫓으며 여기, 호카곶까지 왔다. 그러나 수많은

CABO DA ROCA
AQUI...
ONDE A TERRA SE ACABA
E O MAR COMEÇA
(CAMÕES)
PONTA MAIS OCIDENTAL DO
CONTINENTE EUROPEU
MUNICIPAL DE SINTRA
1979
38°47 NORTE
9°30 OESTE
ACIMA DO NIVEL
DAS ÁGUAS

허상 중 호카곶이 목적지가 되었던 이유는 분명했다. 유라시아대륙의 서쪽 끝이라 불렸기 때문이다. 이제 유라시아대륙의 동쪽 끝은 울산 간절곶이고, 유라시아 대륙의 출발점은 대한민국이다!

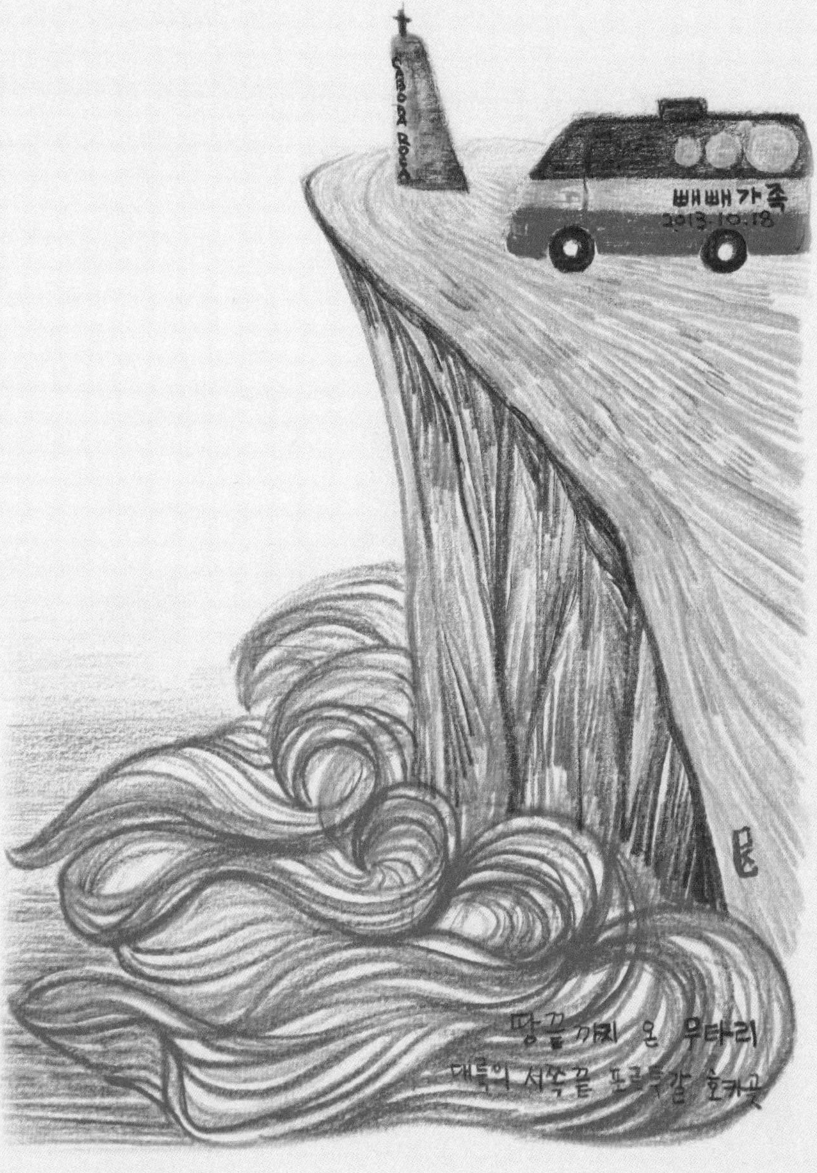
CABO DA ROCA
빠빠가족
2013.10.18
땅끝까지 온 무타리
대륙의 서쪽끝 포르투갈 호카곶

TRABZON

PART 2

넘어지고 쓰러져도 국경은 넘어야 해!

optika K design

집으로 가는 길

어제와 오늘은 같은 날이다. 그러나 사람들은 많은 이유를 대며 어제와 오늘을 다른 날로 여기며 살아간다. 우리 가족도 마찬가지다. 우리에게 어제와 오늘은 다른 날이다. 어제는 목적지에 '도착'한 날이고, 오늘은 목적지에서 등을 돌려 집으로 '출발'하는 날이다.

그러나… 너무 멀리 왔다.

대한민국의 간절곶이 유라시아대륙의 출발점이라는 것을 알리고자 막무가내로 이 여행의 반환점을 포르투갈 호카곶으로 잡았다. 하지만 그 집착이 우리 가족을 너무 멀리 오게 했다. 만약 프랑스 파리를 반환점 삼아 다시 동유럽으로 돌아가 발칸반도를 통해 터키가 있는 아시아 땅으로 루트를 잡았다면 시간적으로도, 경제적으로도 훨씬 유리했을 것이다. 집으로 갈 길이 막막하다. 포르투갈에서 다시 스페인, 남프랑스, 북이탈리아, 동유럽,

발칸반도를 지나 터키까지 가야 한다.

하지만 더 큰 문제는 그 이후의 루트다. 터키를 지난 후 차량과 사람의 국경 통과가 어렵다는 이란과 중앙아시아 국가들을 넘어야 하고, 차량을 가지고 여행하는 게 금지되어 있다시피 한 중국 땅을 지나야 집에 다다를 수 있다. 어떻게 해야 가족을 무사히 집까지 데리고 갈 수 있을지 답이 안 나온다. 특히 이란부터 이어지는 모든 국가는 비자를 요구한다. 그러나 우리 가족의 여권에는 해당 국가들의 비자가 없다. 그곳들을 언제 통과할지 모르기 때문에 입국 기일을 명시한 해당 국가의 비자를 만들어 올 수 없었다. 비자 문제뿐 아니라 외국 차량을 엄격하게 통제하며 특수한 서류를 많이 요구하는 이란과 중국을 도대체 어떻게 건너가야 한단 말인가.

사실 여행을 떠나오기 전, 국가 간 육로 이동에 관해 조사하다 그만두었다. 알면 알수록 가족과 함께해서는 '안 되는 길'이었기 때문이다. 아이들과 함께 유라시아대륙을 일주하려는 아버지가 참 무책임했다. 맞다. 하지만 떠나기 위해서는 무모함 또한 감내해야 했다.

우리 모두는 잘 알고 있다. 지금까지의 경험으로 집까지 돌아가는 길이 매우 고단하고 어려울 것이라는 사실을. 그 어려움을 알고도 대한민국을 출발하여 여기까지 왔다는 것을. 지금까지 그랬듯 앞으로도 어려움을 가족과 함께 맞이하고, 가족과 함께 풀어가며 나아가야 한다. 이게 이 여행의 목표이고 방점이다.

'익숙한 곳'에서는 별일이 아닌 것들이 '낯선 곳'에서는 큰일로 다가온다. 그것이 여행이다. 오늘, 우리는 또다시 어려움을 향해 출발한다. 유라시아대륙 횡단이 아니라 유라시아대륙을 일주하며 집으로 갈 것이다.

아이의
눈물

포르투갈의 수도 리스본을 지나 스페인의 수도 마드리드까지의 풍광은 콜크나무와 올리브나무로 이뤄진 한 편의 수묵화 같았다. 그 길을 따라 다시 피렌체산맥을 넘어 100여 킬로미터를 달려 도착한 프랑스의 남부 도시, 나르본. 그곳에 있는 고속도로 휴게소에 무탈이를 정박시킨 게 어젯밤의 일이다.

이미 들렀던 나라라 별다른 설렘 없이 숙면을 취하고 난 아침.

"어? 아버지… 운전석 쪽 문이 열려 있는데요? 어젯밤에 안 잠갔는교?"

"잠갔는데… 어제 분명히 잠갔다. 얘들아, 혹시 없어진 물건 있나 확인해봐라!"

"아버지! 가방이 없십더!"

"무슨 가방?"

"앞에 놓아둔 배낭 네 개가 전부 없심더!"

"아버지! 앞자리에 둔 노트북도 없심더! 도둑입니다! 도둑!"

아…! 밤사이 도둑이 들었다! 여행의 반환점에 발을 찍고 이제 집으로 돌아간다는 심적 여유와 이곳이 잘사는 나라라 안전할 것이라는 어리석은 방심이 부른 화였다. 게다가 편히 잘 생각에 휴게소 구석의 어두운 곳에 정박한 것이 화를 키웠다.

막막하다. 아무 생각이 없다. 어디서부터, 무엇부터 해야 할지 몰라 가족 모두가 넋이 나갔다. 여기는 이역만리 프랑스의 남부 지방이다. 누군가에게 도움을 청해야 한다. 그런데 누구에게 도움을 받아야 하나…? 어머니라는 이름 때문에 제일 먼저 정신을 차린 박 여사가 말한다.

"다친 사람 없지? 그나마 다행이다. 일단 도난 물건부터 확인하자. 방법이 있을 것이다. 하나씩 해보자."

여권, 자동차 관련 서류, 국제운전면허증, 신용카드, 위성전화, 현금, 노트북…. 가족과 무탈이를 제외한 모든 것이 없어졌다. 여행 중 혹시라도 모를 차량 도난에 대비하기 위해 각자의 배낭에 여행에 필요한 모든 것을 넣어 놓았다. 그리고 취침 시에는 운전석과 조수석에 배낭을 보관했다. 나름 치밀하다고 생각했던 우리의 계획이 결과적으로는 도둑이 앞문만 딴 후 너무도 쉽게 우리의 모든 것을 훔쳐갈 수 있도록 배려한 것이나 다름없었다.

다른 것들은 어떻게라도 해보겠는데 진영이의 가방이 문제다. 여행의 기록을 담당한 진영이가 집에서부터 여기까지 오면서 적어둔 모든 기록물들이 사라졌다. 그 나라의 물가를 꼼꼼히 기록한 공책, 영수증을 한 장 한 장 고이 접어 풀로 붙여놓은 영수증 철, 매일 기록한 거리, 가족이 그날그날 먹은 음식, 구입한 물품 등을 수기로 작성한 잡책, 또 다른 기록이 있는 진

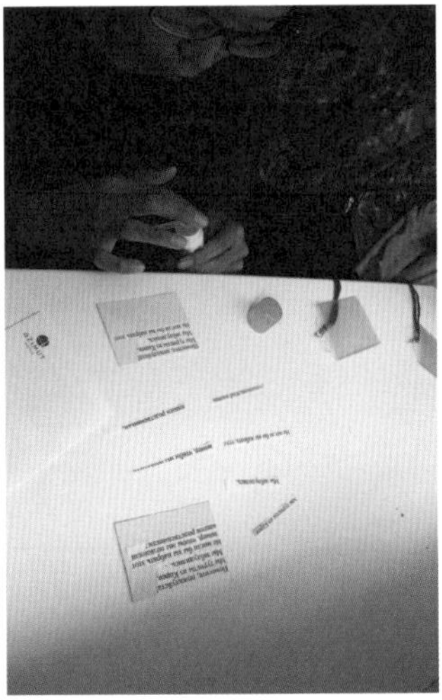

영이의 노트북까지…. 도저히 다시 복구할 수 없는 진영이의 자산이 없어졌다. 여행을 무사히 마치면 자신의 기록물을 정리해 책으로 만들고 싶다던 진영이의 희망마저 사라졌다. 기록에 정성을 기울이던 모습을 보아온 가족은 진영이 보기가 안쓰럽다. 구석에서 머리를 숙인 채 쪼그리고 앉아 있는 진영이의 작은 어깨가 흔들린다.

진영이는 동년배에 비해 학습인지능력이 뒤처지는 아이다. 본인이 그것을 인식하고부터는 자신 안에서 친구들과는 다른, 친구들보다는 조금 나은 것을 찾아내어 그 능력을 향상시키는 것으로 동년배와의 간극을 줄여보려고 노력했던 아이다. 그렇게 찾아낸 재주가 남을 위한 봉사와 기록물을 정리해 자료로 남기는 것이었다. 도둑이 사람을 해하지 않고 물건만 가져간 것은 감사한 일이나 이 아이의 자부심까지 가져간 것은 슬픈 일이다. 이 여행을 기획한 여러 가지 이유 중 하나가 이 아이의 자부심을 키워주기 위함이었기 때문이다.

엎친 데
덮친 격

가족과 함께 어려움을 헤쳐 나아가기 위해 시작한 여행이다. 가족과 함께 어려움에 맞서기 위해 떠나온 여행이다. 하지만 이번 난항은 강도가 세도 너무 세다. 현금인출카드, 은행 이체 보안카드, 비상용 달러까지 도난당했다. 이 해법 없는 경제적 어려움도 머리를 아프게 하지만 무탈이 관련 서류가 단 한 장도 없으니 한 발짝도 움직일 수가 없다. 도대체 무엇부터 해야 하나?

휴게소에 있던 사람들이 문제가 있음이 확연해 보이는 우리 가족에게 다가온다.

"도와주세요! 한국에서 왔습니다! 도난을 당했습니다! 도와주세요!"

언어는 통하지 않았지만 수심 가득한 우리의 얼굴로 사태를 파악한 사람들이 도움의 손길을 내민다. 여기저기에 전화를 거는 분, 위로를 건네는 분, 차량 서류나 여권은 버리고 갔을지도 모르니 함께 찾아보자는 분…. 몇몇 분들과 아이들, 박 여사가 휴게소 공터와 휴지통을 뒤지는 사이, 전화를 마친 남자분이 이곳에서 제일 가까운 경찰서의 약도를 그려주며 도난 사실을 증명하는 게 이번 일의 최우선이라 설명하신다.

"감사합니다! 고맙습니다! 얘들아, 이리 온나! 일단 경찰서부터 가자! 도난 사실을 증명해야 대사관에서 임시 여권을 받을 수 있단다. 방법이 있을 것이다. 걱정 마라!"

그렇게 도착한 시골 마을의 경찰서에서 무탈이 운행에 대한 임시 서류와 여권 도난을 증명하는 서류를 발급받는다. 그러고는 한국영사관이 있는 이탈리아 밀라노로 길을 재촉한다. 달리는 중에도 가족 모두가 도로변을 응시한다. 혹시나 도둑이 자신에게 필요 없는 서류를 버리고 가지 않았을까, 하는 간절한 마음에….

800여 킬로미터를 달려 도착한 이탈리아 밀라노의 한국영사관에서 단수 여권을 발급받은 후, 쉬지 않고 헝가리 부다페스트로 향한다. 주변 지인들에게 어려움을 설명하고 각종 서류와 필요 물품들을 헝가리 한국대사관으로 보내달라고 요청해둔 상태다. 바쁜 마음에 대사관에 사전 양해도 구하지 못했다.

"박 여사, 일단 헝가리까지 가봅시다. 그곳에서 사태를 수습하고 이 여행을 어떻게 해야 할지 생각해봅시다."

"너무 걱정 마이소. 이것 또한 여행이고 사람살이입니다. 잘 해결하고 나면 아이들에게 좋은 경험이 될 것입니다."

박 여사가 상기된 아버지와 풀죽은 아이들을 향해 응원을 보낸다. 그 응원에 힘을 받아 무탈이를 출발시킨다.

MINERVA OIL

GARMIN
GENDARMERIE
HELLO! 안녕하세요!
KOREA → EU → ASIA →
WWW.PPEPPE.NET

세계적인 관광지 밀라노와 이탈리아 최고의 휴양지 시르미오네를 스치듯 지나 물의 도시, 베네치아가 지척인 베로나에 도착한다. 그런데 무탈이가 이상하다. 이탈리아 국경을 넘을 때부터 기어 변속 시 소리가 심하게 나더니 결국 변속이 되질 않는다.

이럴 수가, 무탈이가 멈추었다…!

희망을 선물한 사람들

아는 이 하나 없는 프랑스 남부에서 발생한 도난사고, 그 어려움을 수습하기 위해 헝가리로 달려가던 중 이탈리아 북부에서 발생한 차량 고장. 검푸른 바다에 홀로 남겨진 작은 돛단배 신세다.

"아버지, 우리는 시베리아도 지나온 아이들입니다. 그때 생각해보면 지금의 문제는 문제도 아닙니다. 일단 밥 먹고 시작해봅시다!"

"아버지, 누나 말대로 밥 먹고 힘내서 우리가 밀고 가면 됩니다. 어머니 밥 주세요!"

아이들 덕분에 아무 일 없는 듯 천연덕스럽게 조잘대며 점심을 먹은 후, 가까이에 있던 잘생긴 트럭 운전사에게 도움을 요청한다.

"시동 켜고 기어 넣어보세요."

끼, 끼, 익.

"STOP! OK! 시동 끄세요."

잘생긴 운전사가 무탈이 고장의 원인을 완전히 이해한 얼굴로 어딘가에 전화를 걸어 한참을 통화한다. 전화를 끊은 남자가 말한다.

"남쪽으로 40킬로미터 정도 가면 기아자동차 A/S센터가 있어요. 내가 지금 당신 차의 상태를 그곳에 말해놨어요."

"가는 동안에 문제는 없겠죠?"

"가급적이면 기어를 변속하지 말고 신호등이 없는 길로 천천히, 조심해서 가세요."

"감사합니다. 감사합니다."

언제 주저앉을지 모르는 차를 몰고 남의 나라의 알지도 못하는 길을 조금씩 달려 레냐고라는 마을에 도착한다. 멀리 보이는 기아자동차 A/S센터의 간판을 보는 순간 터져 나오는 안도의 한숨들. 가족을 위해 서로가 감추어온 속내가 한 번에 터져 나온 것이다. 자동차 판매와 정비를 함께 하는 작지 않은 규모의 정비소다. 무탈이를 기다리고 있던 관계자들이 뛰어나온다.

"진짜 한국에서 여기까지 왔어요?"

"정말 이 차를 타고 온 거예요?"

기아자동차 A/S센터의 사장, 파올로와 기아자동차 판매점의 지점장, 안토니오다.

"차는 고칠 수 있겠습니까?"

"아마도 미션 계열을 전부 교체해야 될 것 같은데 지금 부품이 없어서…."

문제는 내일부터 이탈리아가 3일간 연휴란다. 부품도 그 후에 받을 수 있고, 무탈이 정비도 그 후에 가능하다는 말이다. 연휴를 앞둔 퇴근 시간에

들이닥친 집 없는 나그네를 내보낼 수도 없고, 그렇다고 보안 장치가 되어 있는 건물 마당에 가두어둘 수도 없고…. 난감한 얼굴로 회의를 하던 사람들이 결심했다는 듯 일사분란하게 움직인다. 무탈이를 밀어 비를 피할 수 있는 공간으로 이동시키고, 우리도 그 공간에서 머물 수 있도록 전기를 끌어오고, 오랫동안 사용하지 않았던 야외 화장실도 청소한다. 그리고 보안 장치를 푸는 방법과 비상 열쇠까지 우리 손에 쥐여준 후, 걱정스런 눈빛으로 피자 다섯 판을 시켜준 뒤 늦은 퇴근들을 하신다. 피자가 목에 걸릴 정도로 감동적이다.

본의 아니게 우리 가족은 남의 나라 자동차 정비소이자 판매점의 철통 보안 울타리에 3일간 갇히는 신세가 되었다. 그런데 울타리 속에 갇힌다는 것이 이렇게 편안할 수가…. 울타리 밖에서 고생깨나 해본 아이들이 안락

한 울타리 안에서 마음을 놓는다.

"누나, 안토니오 아저씨는 왜 피자 다섯 판을 사주고 가셨을까?"

"그야 가족이 다섯 명이니까 그랬겠지."

"이탈리아 사람들은 일인분이 한 판이가?"

원래 이 나라 사람들의 한 끼 식사가 한 판인지, 연휴 동안 계속 먹으라고 그렇게 사주신 것인지 알 수는 없어도 그 따뜻한 마음에 보답하고자 빼빼한 가족이 열심히 먹어본다. 하지만 결국 두 판을 끝으로 길었던 하루를 마감한다.

다음 날 아침. 가끔씩 울타리 밖 도로로 지나가는 차량이 없다면 사람이 살지 않는 마을로 착각할 정도로 고요한 휴일이다.

“아버지, 저쪽 울타리에서 누가 우리를 부르는 것 같은데요?”

자세히 보니 파올로가 울타리 밖에서 우리를 부르고 있다.

“밤새 별일 없었어요? 이거 받아요.”

보안 장치로 잠겨 있는 울타리 사이로 먹을거리가 가득 찬 가방을 건네주는 파올로.

“연휴라 가족들과 알프스로 여행을 가려는데 그 진에 걱정이 되어 왔어요. 혹시 음식이 떨어지면 비상문을 열고… 열쇠를 돌리고… 보안 장치를 풀고….”

파올로는 어제 귀가 닳도록 설명해준 비상문 여는 방법을 다시 한 번 반복한 후에야 길을 나선다.

동양에서 온 남루한 나그네가 잘 움직이지도 못하는 차를 끌고 아무 예고도 없이 자기 집에 왔다. 허물없는 이런 친절이 가능한 것일까? 이 나라 사람들이 다 이런 것일까? 우리가 또 우연히 좋은 사람들을 만난 것일까?

밀린 빨래를 하고 머리 감기를 끝낸 삼남매가 하염없이 넓은 야적장 가운데에 돗자리를 깔고 대자로 누워 이탈리아의 가을을 만끽한다. 도난으로 인한 총체적 난국에 차량 고장이라는 뜻하지 않은 복병까지 더해진 이 어려운 상황을 아이들도 잘 알고 있다. 이 어둡고 무거운 짐을 아이들이 같이 지고자 열심이다.

“아버지, 운전 쉬는 것이 파리 삼촌 집 이후에 처음이죠? 걱정 마시고 여기 누워서 이탈리아 가을 하늘 함 보세요! 죽입니더.”

그렇게 3일을 보내고 11월 4일 아침.

“별일 없었어요?”

연휴를 끝내고 일찍 출근한 안토니오가 우리의 안부를 먼저 챙긴다.

"안토니오, 우리 가족은 헝가리에 가야 됩니다. 그리고 11월 8일까지 생겐조약국을 떠나야 됩니다."

"생겐조약이요?"

"이탈리아를 포함한 유럽 26개국의 출입국관리를 통합한 시스템입니다. 11월 8일이 생겐조약국에 들어온 지 90일째입니다. 그때까지 출국하지 않으면 불법체류자 됩니다."

사태를 파악한 안토니오가 수리 센터의 담당자, 부품 운송을 담당하는 회사, 이탈리아 기아자동차 현지법인, 이탈리아 출입국사무소 등에 정신없이 연락을 취한다.

"부품 조달이 언제 될지는 아무도 모릅니다. 하지만 당장 부품을 조달해도 헝가리를 거쳐 비생겐국가인 루마니아까지 가기에는 시간적으로 불가능해 보입니다. 그래도 방법을 한번 찾아봅시다."

5일.

6일.

7일.

무탈이의 부품이 도착하지 않는다.

"안토니오, 헝가리는 포기하고 내일 아침까지 응급조치만 해주면 여기서 제일 가까운 비생겐국가인 크로아티아로 출국해야겠습니다. 아이들을 불법체류자로 만들 수는 없는 노릇입니다."

부품이 도착하지 않아 무탈이가 꼼짝할 수도 없는 상황. 그러나 무슨 일이 있어도 내일은 생겐조약국을 탈출해야 한다. 헝가리에 도착해 있을 서

ROK
KOREA

류들과 필요 물품들은 차후에 다른 방도로 찾을 수 있다. 하지만 불법체류자라는 낙인이 찍힌 아이들은 그 짐을 평생 짊어져야 한다. 아이들을 위해서라도 내일은 비셍겐국으로 가야 한다. 최소한 아이들만이라도 탈출시켜야 한다.

"내일 오전에 부품 열한 개 중 세 개가 도착합니다. 일단 크로아티아까지 갈 수 있도록 응급조치를 하고 나머지 부품이 도착하면 크로아티아 자그레브 A/S센터로 보내서 마무리하는 방법으로 합시다."

"파올로, 안토니오, 감사합니다! 그런데 죄송하지만 신용카드를 분실하여 지금 수중에 돈이 없습니다. 한국의 지인이 수리비를 무통장 입금해드려도 되겠습니까? 얼마입니까?"

"아, 부품값과 수리비, 그리고 크로아티아에서 마무리할 수리비는 이탈리아 기아법인에서 대신 내주기로 결정했습니다. 걱정 마세요."

"아니, 왜요?"

"멀리서 여기까지 온 손님 아닙니까. 우리에게 희망을 준 가족에게 드리는 선물입니다."

아버지 마음이 울컥한다. 눈물을 꾹 참고 파올로와 안토니오의 손을 붙잡는다.

"감사합니다! 정말 감사합니다!"

이 모든 상황을 함께하고 있는 가족의 눈시울도 붉다.

Photo Essay 진영

무탈이를 타고 다니다 보면 많은 사람들이 관심을 가지고 다가온다. 우리가 한국에서부터 여기까지 왔다는 걸 무탈이에 붙어 있는 지도로 설명해주면 모두가 엄지를 치켜세운다. 그 사람들이 우리를 위해 응원 메시지를 써준다. 각 나라의 글자가 쓰여 있는 무탈이는 앞으로도 우리 가족의 보물이 될 것이다.

우리도 꽃 한 송이 삽시다!

생겐조약국 무비자 90일 체류 허가 기간의 마지막 날 아침에 도착한 세 가지 부품으로 무탈이의 응급조치가 끝난 시간이 오후 2시. 안토니오가 지도에 표시해준 최단 거리로 300여 킬로미터를 달려 크로아티아 국경에 도착한 시간이 불법체류 4시간 전이었다. 이렇게 아찔한 시간을 보내고 나서야 아름다운 아드리아 해가 눈에 들어왔다.

여행의 과정은 뜻하지 않은 마주함이다. 프랑스 남부에서 도둑을 맞지 않았다면, 이탈리아 북부에서 무탈이가 무탈했다면 과연 온 가족이 이 아름다운 아드리아 해를 바라볼 수 있었을까? 크로아티아는 3년의 여행 준비 기간 동안 단 한 번도 생각하지 않았던 나라다. 우연히 마주한 작은 나라에서 애틋한 연애소설의 배경 같은 수도 자그레브, 상상에서나 보았을 것 같은 꿈의 자연 공원 플리트비체, 이야기 속에나 등장할 것 같은 마을 두브로브니크를 만났다. 이 그림 같은 풍경을 온 가족의 가슴속에 담을 수 있게 해준 것이 프랑스 남부의 도둑일까? 이탈리아 북부에서 못 가겠다고 퍼져버린 무탈이일까?

크로아티아의 아름다운 절경보다 부러운 풍경은, 재래시장과 길거리에 즐비한 꽃가게다. 우리나라에서 꽃을 사는 일은 특별한 경우다. 대부분은 자기가 아닌 남을 위해 꽃을 산다. 하지만 이 나라 사람들은 시장 보러 나와서 차 한 잔 마시고는 본인이 즐길 꽃을 사서 집으로 향한다. 그 모습이 너무나 부럽다.

우리도 꽃 한 송이 삽니다! 2주 동안 도난, 차량 고장, 불법체류의 위험으로 마음 고생한 우리 가족을 위하여….

다른 나라,
같은 나라

크로아티아 한국대사관의 도움으로 헝가리에 도착한 서류와 필요 물품을 자그레브로 이동시켜 회수한 후, 복수여권을 재발급받아 발칸반도로 향한다. 이 길은 그동안 생각지도 못한 풍경을 선사한다. 크로아티아, 몬테네그로, 세르비아. 이름만 들어봤던 그곳에는 경이로운 자연과 함께 전쟁의 상흔을 고스란히 보여주는 폐허의 건물들이 즐비하다.

"아버지, 이 나라에 전쟁이 있었어요?"

발칸반도는 유럽대륙과 아시아대륙을 연결하는 지정학적 위치에 있어 오랫동안 저잣거리를 자임했고, 그러다 보니 '종교와 문화의 모자이크'라는 좋은 말과 '유럽의 화약고'라는 나쁜 말을 동시에 듣게 되었다. 제1차 세계대전의 발화점이자 얼마 전까지도 내전의 혼돈 속에 있었던 가슴 아픈 역사를 간직한 땅이라는 것을 눈과 마음으로 확인하며 발칸반도의 남북으로 뻗어 있는 눈 덮인 디아르 알프스산맥으로 향한다.

그런데 눈 덮인 이 거대한 산 앞에서 걱정거리가 또 생겼다. 히터가 고장 나버린 것이다. 한국을 떠나는 날 아침에서야 무탈이의 히터에서 냉각수가 흘러나오는 걸 발견해서 수리, 또는 타제품으로 교체하지 못했다. 다행히 캠핑용 무시동 히터가 장착되어 있으니 심하게 추운 지역이 아니라면 문제가 없겠거니 생각하고 차량용 히터를 아예 탈거하고 출발했다. 하지만 3만여 킬로미터를 달리는 동안 따뜻한 잠자리를 제공해준 캠핑용 무시동 히터가 스페인에서부터 조금씩 말썽을 부렸다. 좋은 분들이 헝가리에서 A/S

를 받을 수 있도록 조취를 취해주셨으나 부득이한 사정으로 원래 계획했던 루트가 변경되어 그곳으로 갈 수 없었고, 불가리아까지는 정식 A/S센터가 없었다. 그러니 중요한 사실이자 난감한 문제는 가족을 눈 덮인 산속, 히터 없는 차에서 재워야 한다는 것이었다. 조금이라도 고도가 낮은 길을 찾아 아무런 정보 없는 이 험준한 산맥을 넘어가야 한다.

아름다운 자연의 나라 몬테네그로를 뒤로하고 디아르 알프스산맥 정상부에 위치한 세르비아 국경을 넘어 고도가 낮아지는 지점을 찾아 눈보라 치는 산길을 헤매본다. 하지만 좀처럼 해발고도가 1000미터 이하로 내려

가질 않는다. 산맥의 크기를 가늠할 수 없는 초행길에 날이 저문다.

"아버지, 저기 조그마한 카페가 보입니다!"

"더 가면 좋은 숙박지가 있을지 모르지만 날이 어두워 위험하다. 저 카페 마당에 정박하자."

세르비아라는, 뉴스에서나 가끔, 아주 가끔 들었던 전혀 모르는 나라의 산속에서 첫 밤을 보낸다.

해발고도 1108미터, 외부 온도 영하 17도, 히터 없는 차 안. 옷이라는 옷은 다 껴입고, 이불이라는 이불은 몽땅 뒤집어쓴 아이들이 긴장한 아버지를 위해 아무 일 없다는 듯 밤새 재잘거리며 아버지의 어깨를 가볍게 한다.

"아버지, 우리가 여기 있는 것 아는 사람이 지구상에 있을까요?"

"아버지, 우리 진짜 많이 왔다, 그쵸?"

4평 크기의 무탈이 뒤편. 가로 2미터, 세로 2미터의 작은 침상 위에서, 추위를 피하기 위해 이불로 밀봉한 좁디좁은 공간에서 한 가족이 서로의 체온에 의지하여 잠을 청한다. 머리맡의 물병은 어느새 꽁꽁 얼었다.

동틀 무렵 카페가 문을 여는 소리에 아이들을 깨워 카페로 향한다. 하룻밤 남의 마당을 사용했으니 아침밥으로 주차비를 대신하기 위해서다. 녹지 않은 몸을 웅크린 채 밥이 나오기를 기다리고 있는데 옆 테이블에 앉아 있던 사람이 우리와 눈을 마주친 후 텔레비전을 가리킨다. 식당의 작고 허름한 텔레비전에서 나오는 뉴스를 보라는 뜻이다.

"북한 장성택 숙청!"

그 뉴스를 우리도 이곳 사람들과 마찬가지로 남의 일 쳐다보듯 본다. 그러나 그 뉴스는 우리가 생각한 것처럼 남의 일이 아니었다. 식당에 있던 모든 사람들의 시선이 우리 가족에게로 쏠린다.

아닙니다…. 저것은 북한 뉴스입니다. 우리는 남한 사람입니다….

그러나 이 나라 사람들 남북한의 개념이 없다. 텔레비전에서 흘러나오는 북한 관련 뉴스가 남쪽 뉴스인지 북쪽 뉴스인지 구분을 못 하신다. 아직도 저런 류의 뉴스를 생산하는 나라에서 왔냐는 식의 눈동자가 우리에게 쏠린다. 밥을 먹는 둥 마는 둥 하며 식당 문을 나서는데 뒤통수가 따갑다.

우리 차에는 태극기와 'KOREA'라는 국가명이 앞뒤로 대문짝만 하게 붙어 있다. 그래선지 생각보다 많은 사람들이 같은 질문을 해왔다.

"South Korea? North Korea? 쎄울? 뺑양?"

"남쪽 코리아의 서울에서 왔습니다."

세르비아 사람들은 오랫동안 소비에트 연방의 영향력 속에 있던 국가다. 그러니 'Korea'라고 하면 당연히 북한을 떠올리고 살아왔던 사람들이다. 물론 대도시에서는 상황이 조금 나았지만 작은 길에서 만난 많은 사람들은 남과 북이 하나라고 생각하거나, 혹은 분단국가인 것은 알지만 남과 북이 어떻게 다른지 그 차이를 모르는 사람들이 대부분이었다.

우리나라 사람들이 생각하는 남한과 북한은 다른 나라다. 하지만 유라시아대륙에서 만난 많은 사람들은 남한과 북한을 같은 나라라고 생각했다. 우리가 북한을 욕하면, 북한이 우리를 욕하면, 서로가 서로의 얼굴에 침을 뱉는 꼴이라는 것을 여행 중 많이 느낀다.

몬테네그로의
디아르 산맥을 넘어 세르비아로

특별한
학교

불가리아의 수도 소피아로 발길을 서두른다. 뼈를 에는 추위라는 극한의 환경에서 3일을 보냈다. 빨리 숙소를 찾아 몸도 녹이고 히터도 고쳐야 한다.

불가리아 국경부터 러시아 문자의 모태인 키릴문자가 다시 보이기 시작한다. 우리 가족은 영어를 잘 못한다. 단어 몇 개를 연결할 정도의 초급 영어로 여행 중이다. 그러나 다행히도 우리가 지나온 유라시아대륙의 모든 나라가 영어 사용을 좋아하지 않았다. 자국의 언어가 인류 최고의 언어라 자부하는 민족들이 사는 나라들을 지나왔기 때문이다. 러시아, 독일, 프랑스, 스페인, 이탈리아 등. 이 나라들은 자국어로 세계적인 대문호를 배출시킨 나라들이고, 영어 종주국 영국과 한 번쯤은 전쟁까지 갔던 역사를 가진 나라들이다.

그중에서도 모국어에 대한 자부심이 유달랐던 러시아. 미국과 오랜 대립

각을 세운 역사의 영향도 있겠지만 자신들의 언어를 사용하는 민족이 굉장히 많다는 것도 그 자부심의 이유가 될 것이다. 소비에트 연방의 거대한 영향력은 유라시아대륙의 북반구 대부분과 동유럽, 발칸반도까지 러시아어를 사용하게 만들었다. 소련의 문화가 우리나라에 제한되었던 시기에도 키릴문자로 명작을 남긴 대문호 톨스토이, 도스토옙스키, 푸시킨 등의 작품은 우리나라 교과서에도 실렸다. 그 키릴문자가 9세기경 이 나라, 불가리아에서 탄생했다고 한다. 로마, 비잔틴, 투르크 시대로 이어졌던 고단한 역사가 역으로 찬란한 문화유산으로 남아 있는 불가리아. 하지만 우리는 그 찬란한 역사를 보고, 이해하는 것을 잠시 미뤄둔다. 추위를 피하고픈 마음이 더 간절해서다. 소피아에 들어서자마자 한달음에 게스트하우스로 달려간다.

배낭여행을 하는 젊은이들이 이용하는 저렴한 숙박 시설 정도로 인식하고 있는 게스트하우스는 우리 가족의 휴식처이자 아이들의 특별한 학교다. 세계 각국에서 온 사람들과 여행지에 대한 정보도 공유할 수 있고, 여행담도 나눌 수 있고, 간접적으로나마 서로가 속해 있는 나라의 문화도 체험할 수 있고, 친구도 사귈 수 있다. 게다가 아이들이 인터넷으로 한국 친구들과 이야기를 나누고, 인터넷 게임도 하며 여행의 피로를 풀 수 있는 유일한 공간이다. 통념과는 달리 나이가 지긋한 어른들도 많이 만날 수 있다. 가는 곳마다 세계 각국에서 오신 어른들이 우리 아이들에게 말을 건넨다.

'몇 살이고?' '학교는 우짜고?' '여행 중 무엇을 배웠노?' '집에 안 가고 싶나?'

아버지와 박 여사는 한국에서 온 젊은이들을 만날 때면 다국적 김치와 고추장을 꺼내 들고 그들의 속 깊은 이야기를 듣는다. 중·고등학교 6년을 부모가 시키는 대로 새벽부터 늦은 밤까지 사교육을 받고, 부모가 권하는

Breakfast

대학의 아무 학과를 다니다가 '엄마는 나를 왜 이 지경으로 만들었나요?' 라며 울분을 토하는 젊은이. 군 제대 후 취직의 두려움으로 복학을 미루고 미래에 대해 생각해보고자 길을 나선 젊은이. 좋은 대학, 좋은 직장을 버리고 '그동안 나는 왜 이렇게 살았을까요?'라며 후회를 토하는 스펙 좋은 젊은이….

현실에서 없었던 것이 여행을 한다고, 길을 떠난다고 생기지는 않을 것이다. 하지만 최소한 그들이 이 여행을 통해 자신이 가고자 하는 길을 조금이나마 찾았으면 좋겠다.

대한민국의 실질적인 주인은 젊은이들이다. 어른들은 그들의 세상을 잠깐 빌려 쓰고 있는 것뿐이다. 물려주는 것이 아니라 돌려줄 준비를 해야 된다. 그러나 많은 세입자들이 집주인의 허락 없이 집 안의 많은 부분을 고치려 든다. '고생해가며' '내 삶을 포기해가며' '내 돈 들여가며'라는, 집주인을 위한다는 미명하에 집을 고치고 있는 것이다. 혹여 세입자 본인의 자존심을 위해 또는 옆집보다 더 멋진 집을 만들기 위해 남의 집에 손을 대고 있는 것은 아닌지…?

다리 밑에서 맞이한 새해

우리 가족은 큰 산을 넘거나, 큰 강을 건너면 문화와 자연, 인종이 바뀐다는 것을 몸으로 느끼며 이곳까지 왔다. 불가리아에서 이곳 터키까지는 큰 산도, 큰 강도 없었다. 자연도, 기온도 크게 바뀌지 않았다. 그런데 문화와 환경은 적응이 안 될 만큼 딴판이다. 언어, 종교, 인종, 시장에서 파는 물건, 소리, 냄새… 모든 것이 불가리아-터키 국경을 넘는 순간, 그 찰나에 바뀌었다. 프랑스에서 스페인으로 가기 위해 피레네산맥을 넘었을 때 유사한 문화적 충격은 있었지만 이 정도는 아니었다. 강제로 막아놓은 환경의 벽, 문화의 벽, 종교의 벽을 뚫고 넘어온 느낌이다.

국경검문소에서 만난 히잡을 두른 여자들, 소변기가 없는 남자 화장실과 휴지를 사용하지 않는 화장실 문화, 도로변 휴게소에도 꼭 존재하는 기도실, 어느 곳에서나 들려오는 이 나라의 종교음악 '아잔'까지. 다름의 차이를

NIL BAHARAT
Barbaros

Tarihi Eminönü Balık Ekmek

이해하며 여기까지 온 우리 가족이지만 터키는 달라도 너무 다른 나라였다.

인구 1400만의 터키 최대의 도시, 이스탄불. 한 해 관광객 수만 3000만 명이 넘는다는 이 거대한 도시에 숙박지 예약도 없이, 그것도 저녁에 무탈이를 데리고 들어왔다. 국경을 통과할 때 예상보다 많은 서류를 만들어야 했고, 위성도시에서부터 막히기 시작한 도로 사정 탓에 정박지를 구할 수 없어 앞으로 향하다 보니 또 시내 한가운데에까지 들어와버린 것이다.

"캠핑장이 어디에요?"

서울에 처음 온 터키인이 밤늦게 미니버스를 몰고 광화문에 와서 이런 질문을 했다고 생상해보라. 참 계획 없는 여행객, 참 무식한 여행객이다.

박 여사가 지도를 보며 넘치는 차량 사이로 길 안내를 시작한다. 200일이 넘는 여행 기간 동안 박 여사의 더듬이는 많이 자란 수준을 넘어 하늘에 닿을 정도다. 아무것도 모르고 들어온 이스탄불에서 이 도시 최대의 관광지 블루모스크와 아야소피아 대성당, 유럽과 아시아의 경계인 보스포루스 해협을 지척에 둔 안락한 명당으로 우리를 인도하신 박 여사님!

"아버지, 앞으로 남은 여행 기간 동안 어머니 말씀 잘 들으세요!"

이스탄불은 유럽대륙과 아시아대륙을 동시에 점유하고 있다. 우리가 있는 쪽이 유럽대륙이고, 보스포루스 해협을 연결하는 다리 너머의 저쪽이 아시아대륙이다. 우리나라가 속해 있는 지정학적 지명에 불과한 '아시아'라는 명칭이 유라시아대륙을 한 바퀴 돌아 다시 아시아로 들어가는 우리 가족에게는 남다르다. 남의 집에서 눈칫밥을 먹다가 집으로 돌아가는 느낌, 우리 집 마당에 온 듯한 안락함, 지나가는 사람에게 말을 걸면 손 내밀 것 같은 편안함을 주는 단어, 아시아!

4평 남짓한 작은 집을 아시아대륙이 보이는 보스포루스 대교 밑에 정박시키고 7개월간 오롯이 함께한 가족이 한 해의 마지막 밤을 보낸다. 다른 길을 간다는 것은 두려운 일이다. 아버지의 선택으로 아이들이 또래의 친구들과는 다른 길을 가고 있다.

'맞는 길인가?'

이 질문을 수백, 수천 번을 되뇌게 한 그 한 해가 저물고 있다. 여행을 시작한 지 212일째. 그 짧지 않은 시간을 함께한 아이들과 타국의 다리 밑 작은 집에 누워 올 한 해 가족이 함께 보았던 수많은 풍경, 질곡의 시간들을 회상하는 사이, 아시아 쪽 이스탄불의 하늘로 새해를 알리는 수백 송이의 불꽃이 솟아오른다. 가족 모두 말없이 그 아름다운 광경에 넋을 놓는다. 그때 다윤이가 생각났다는 듯 아버지와 어머니에게 편지를 전해준다. 불꽃향연으로 환한 작은 집에서 박 여사의 감동의 눈물도 함께 빛난다. 오늘만큼은 이 작은 집이 천국이다.

새해가 시작되는 내일 아침이면 우리는 보스포루스 대교를 타고 아시아대륙으로 넘어간다. 아시아 땅이라 해도 별반 차이는 없을 것이다. 아시아 땅이라 해도 만만하지는 않을 것이다. 하지만 아시아에 들어간다는, 집으로 돌아간다는 기대도 없다면 앞으로 나아가지 못한다. 세상사가 그러하듯…. 내일, 1510미터의 짧은 보스포루스 대교 위를 달리는 동안 무탈이는 분명 숙연한 가슴 떨림과 광란에 가까운 함성에 들썩일 것이다.

가족을 위한 불꽃놀이.
터키 이스탄불 보스포러스 해협에서 -

비자를 받으며
생각한 것

터키는 만만한 땅덩어리가 아니다. 크기만 해도 동서 방향으로 2000킬로미터에 육박한다. 그중 대부분이 고대, 중세시대의 전쟁이야기에 단골로 나오는 아나톨리아 고원지대다.

로마가 세상의 중심이었을 때도, 그리스가 세상의 중심이었을 때도, 이스탄불이 세상의 중심이었을 때도 아나톨리아는 '태양이 솟아나는' 높은 곳이었다. 이 땅의 주인은 헤아릴 수 없이 많았고, 나라의 이름도 헤아릴 수 없이 많았다. 지금도 이곳에 사는 1000만 명이 넘는 쿠르드족은 독립운동, 반군, 테러 등등의 단어로 뉴스거리를 제공하고 있다. 이스탄불에서 만난 한 할아버지는 이곳에 '나쁜 놈들'이 살고 있으니 조심하라는 당부의 말씀까지 주셨다. 그런 걸로 보아, 아나톨리아 고원지대는 여전히 혼란의 땅인 것만은 분명해 보인다.

KOREA

인류 4대 문명의 발상지 중 하나인 메소포타미아 문명을 탄생시킨 유프라테스, 티그리스 강의 발원지가 이곳 아나톨리아고, '노아의 방주'가 대홍수에 떠내려가다 걸린 곳, '아라랏산'(5137미터)이 이곳 아나톨리아에 있다. 그야말로 인류의 종교, 문명, 역사에 안 끼는 곳 없이 등장하는 복잡한 이야기를 간직한 땅이 바로 이곳 아나톨리아다. 우리나라의 10배 크기인 고원지대를 무탈이와 함께 이동한다는 것, 참으로 만만치가 않다.

인간이 상상조차, 가늠조차 할 수 없는 시간 동안 자연이 공들여 만들어 놓은 경이로운 풍경이 계속해서 펼쳐진다. 세상 어디에도 없을 것 같은 시간이 만든 예술 도시 카파도키아의 괴레메를 지나 흑해를 바라보고 있는 도시 트라브존에 들어선다.

트라브존은 해상과 육로의 요충지인 관계로 많은 이야깃거리를 간직한 도시다. 우리는 이곳에 이란 비자를 받으러 왔다. 터키의 수도 앙카라에서도 이란 비자를 받을 수 있지만 트라브존에 있는 이란영사관이 체류기간도 넉넉히 주고, 비자도 잘 발급해준다는 말을 들어서다. 게다가 트라브존은 이란 국경을 넘어온 사람과 넘어갈 사람이 체류하는 곳이라 이란에 대한 정보도 많이 들을 수 있다고 알려진 곳이다.

트라브존에서 우리 가족이 제일 먼저 만난 것은 이 나라의 종교, 이슬람이다. 이스탄불을 포함한 터키의 관광지에서도 이슬람의 냄새를 맡았지만 그곳의 이슬람이 그저 이국적인 문화 정도였다면, 이곳의 이슬람은 사람들의 삶, 그 자체였다. 그러니 우리는 그 무엇보다 먼저 이들의 종교 문화를 알아야 했다. 앞으로 갈 이란, 중앙아시아, 중국의 서부 지역이 이슬람 문화권이다. 무엇이 예의이고 무엇이 결례인지 정도는 알고 가야 하는 게 남의 집에 놀러 가는 여행객의 도리다.

우리가 도착한 금요일 오후, 사람들이 일제히 가게 문을 닫고 모스크 주변 광장에 모여 '메카' 방향으로 기도를 올리는 모습이 경이롭다. 이슬람을 믿는 사람에게는 종교가 삶이고, 삶이 종교다. 종교가 먹는 것, 자는 것, 입는 것은 물론 화장실 사용법이나 부부의 잠자리까지 관장한다. 이 종교를 이해하지 못하면 앞으로 남은 여행이 괴롭다. 아니, 밥 못 얻어먹는다. 현지인들과 섞여야 한다. 현지 장터에서 물건을 사야 하고, 길을 물어야 하고, 같이 밥을 먹어야 한다. 상대방이 철저히 믿고 있는 종교에 대한 이해 없이는 우리 같은 나그네는 앞으로 나아갈 수 없다. 우리 가족에게 이슬람은 다른 종교, 다른 문화에 대한 이해 문제이기 이전에 당분간 살아가는 문제다.

이란 비자를 발급받으러 가는 날 아침, 사진관에 들러 박 여사와 다윤이의 증명사진을 찍었다. 이슬람 예법에 따르면 여자는 히잡을 써야 한다. 관광객이라고 예외일 리 없다. 그들의 방식을 따른 사진과 관련 서류를 제출하자 이란 비자가 한나절 만에 나왔다. 비자를 받으면서 좀 의아했던 건 비자 발급 비용이 나라마다 다르다는 것이다. 우리 가족은 30일짜리 비자를 발급받는 데 1인당 38유로가 들었다. 그런데 함께 접수한 프랑스인은 20일짜리 비자를 받는 데 80유로를 냈다. 나중에 들은 이야기지만 호주인과 영국인은 한 달 안팎의 비자를 120유로에 받급받는다고 한다. 비자는 기본적으로 자국에 입국해도 문제없는 사람인가를 조사하고 내어주는 허가서다. 그 속에는 관계가 좋은 나라 사람들은 편안하게 많이들 오고, 관계가 나쁜 나라 사람들은 오지 않았으면 좋겠다는 마음이 들어가 있을 것이다. 그렇다고 하면, 이란은 다른 나라는 몰라도 프랑스, 영국, 호주보다는 우리를 더 좋아하는 게 틀림없다.

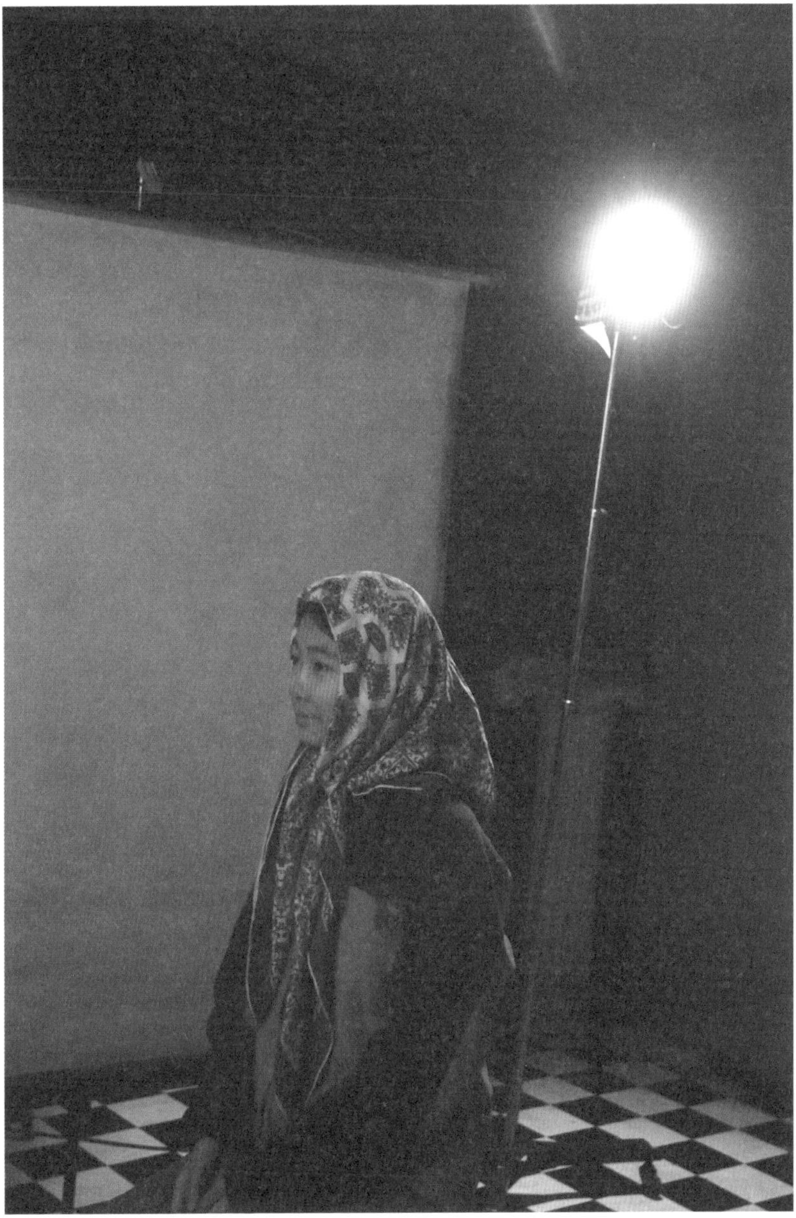

현재 우리나라는 무비자 또는 도착 비자로 갈 수 있는 나라가 많은 편에 속한다. 두루두루 친하게 잘 지내고 있다는 뜻일 것이다. 여행 중 현지 젊은이들과 이야기를 하다 보면 한국은 미국이고, 북한은 중국이라는 생각을 많이 하고 있다. 틀린 말은 아니다. 하지만 문제는, 그 친구들이 나라의 큰 어른이 되었을 때다. 미국을 좋아하는 친구면 별일 없겠지만 반대의 경우라면 어떨까? 사람살이 인연의 정리도 만만찮은 일인데, 하물며 나랏일 차원에서 연을 잘 풀어간다는 것은 대단히 어려운 일일 것이다. 뭐가 어찌 되었건 우리나라가 많은 나라들과 골고루 잘 사귀었으면 하는 바람이다.

국경에 발이 묶인 가족

악명 높은 혹한과 '쿠르드반군' 어쩌고저쩌고하는 무서운 소문을 등에 업고 626킬로미터, 2박 3일을 달려 도착한 이란 국경. 이곳에 들어서는 가족의 마음이 무겁다. 여행 시작 전부터 준비해야 하는 것을 알면서도 준비하지 못한 서류, 차량을 가지고 이란에 입국하려면 무조건 필요한 서류인 '카르넷' 때문이다. 이 서류는 우리나라에서 발급이 불가능하고 유럽의 민간단체에 보증금을 주고 발급받아야 하는 서류다. 유럽에서 이란으로, 이란에서 다시 유럽으로 가는 차량이라면 보증금 환급에 문제가 없겠지만 이란에서 한국으로 가는 우리는 문제가 다르다.

우리는 대한민국 정부기관에서 영문으로 발급한 '자동차일시수출입 신고서'를 가지고 있다. '이 차량는 대한민국에서 임시로 외국으로 나간 차량이고, 어느 기간 내에는 다시 대한민국으로 들어온다.'는 것을 국가가 보증

IRAN

하는 서류다. 대한민국 정부가 발행한 서류를 믿지 못하고 유럽의 민간단체에서 발행한 서류를 요구한다는 게 억울하다. 물론 국제협약이고 한 나라의 법이니 지켜야 하는 게 도리다. 하지만 앞으로 우리처럼 바퀴 굴려 이곳에 올 분들을 위해 새로운 방법을 찾아놓아야 된다는 어리석은 생각으로 카르넷 없이 여기까지 쳐들어왔다.

그리하여 무탈이는 이란 국경수비대 마당에 결박되었고, 우리 가족 역시 이란 국경 통관 수속대 한편에 쪼그려 앉아 오도 가도 못하는 신세가 되었다.

국경검문소 최고 책임자로 보이는 사람 왈,

"너희에게는 두 가지 방법이 있다. 하나는 다시 터키로 돌아가는 것, 두 번째는 국가가 선임한 가이드를 동승하고 5일 이내로 이 나라를 통과하여 다른 나라로 가는 것."

"아이고, 대한민국은 동쪽입니다. 서쪽인 터키로 가라니요! 그리고 이란 주변국 모두 비자가 있어야 됩니다. 우리는 그 비자가 하나도 없어요. 게다가 돈을 지불하고 알지도 못하는 사람을 우리 차에 태울 수는 없습니다."

"그럼 이란으로 들어갈 수 없다."

국경수비대원의 완고한 표정과 말투에 가족 모두가 작아진다. 돌아갈 수도, 나아갈 수도 없다. 대합실 구석에 쪼그리고 앉아 있는 아이들의 얼굴이 어둡다. 시간이 흐르는데도 상황이 나아질 기미가 보이지 않아 터키에서부터 메일을 주고받았던 주이란 대한민국대사관의 행정관님께 전화로 SOS를 요청한다.

"행정관님, 우리 가족이 국경에 잡혀 있어요! 벌써 2시간째입니다."

"아, 메일 주셨던 빼빼가족이군요. 카르넷을 준비하시지 못했을 것 같아서 차량을 가지고 입국 가능하게 조치해놓았는데…."

"그렇습니까? 그런데 국경수비대가 돈을 주고 가이드 동승해서 5일 만에 이 나라를 떠나라고 합니다. 아니면 터키로 돌아가라고 합니다."

"절대 돈 주면 안 됩니다. 절대 차에 가이드 태우면 안 됩니다. 담당자 바꿔주세요."

우리나라 공무원이 이란 공무원을 전화로 아주, 그냥, 확 박살을 내신다.

"최 선생님, 제가 서류를 하나 만들어 보낼 테니 조금만 더 기다려주십시오. 죄송합니다."

"아닙니다. 저희 가족 때문에…. 감사합니다. 감사합니다."

30분 후. 국경에 잡혀 있는 가족에게는 구세주와 같은 서류가 이란 국경수비대에 도착한다. 내용인즉, 그곳에 있는 사람들과 차량은 대한민국 국민이고, 대한민국 차량이다, 차량에 무슨 문제가 있으면 대한민국대사관이 책임진다, 도장 꽝! 또 한 번의 도움으로 우리의 작은 집이 앞으로 나아간다. 감사합니다. 대한민국!

이란에서
'주몽'을 만나다

아나톨리아 고원지대의 동쪽 끝자락에 자리 잡은 자그로스산맥을 내려가자 불모지대가 펼쳐진다. 모래 가득한 사막이 아니라 근육질의 민둥산, 지층이 확연히 보이는 아름다운 협곡, 형용할 수 없는 오묘한 색깔을 가진 붉은 황야다. 자연만큼이나 생소한 게 문자다. 그것이 도로 표지판에 있지 않았다면 문자라 생각하지도 못할 만큼 낯선 문자, 바로 페르시아어다. 역사 속의 이름 페르시아의 본류가 이곳 이란이다. 그래서 인종도 다르다. 이제껏 보았던 서양인의 얼굴과도 다르고, 동양인의 얼굴과도 다르다. 우리나라 사람에게 이란이 아랍권이라는 생각을 가지게 만든 것은 아마도 이슬람이라는 종교 때문일 것이다. 하지만 이곳은 아랍권과 종교만 같을 뿐 인종이며 언어며 역사 모두가 다르다.

서구 사회의 경제봉쇄정책으로 살림살이가 어려운 이란에는 오래된 차

량이 많다. 덕분에 차량을 수리하는 곳이 길거리에 즐비하다. 불가리아, 터키에서 수리가 여의치 않았던 캠핑용 무시동 히터의 수리는 포기하고 차량용 히터를 구입하기 위해 그중 한 곳에 들른다. 그런데 말이 안 통해도 너무 안 통한다. 그도 그럴 것이 일단 이 사람들이 'Yes' 'No' 정도의 영어도 사용하지 않는다. 우리 역시 영어가 짧다. 그런데 설명해야 하는 건 너무 복잡하다. 좌석 밑에 있는 히터에서 부동액이 흘러나와 아예 히터를 제거했는데 너무 추워서 히터를 다시 사서 설치하고 싶다, 라는 걸 도대체 어찌 설명해야 하는지….

"아저씨 히터 파는 곳이 어디입니까?"

보닛을 열어보라고 하신다.

"아니, 히터가 고장 난 것이 아니라 없어요."

차 밑에 들어가서 히터가 어디 있는지 찾고 있다.

"아니, 히터가 고장 난 것이 아니라 없다니까요!"

다행히 판토마임 공연 20여 분 만에 의사가 전달된다. 이제 최소한 시동이 걸려 있는 상황에서 추위 걱정은 면하게 되었다. 터키 아나톨리아 고원지대의 영하 30도에 가까운 추위는 사람의 감각을 무디게 하고 의지를 약하게 만들었다. 회상만으로도 몸서리쳐질 수준의 추위였다. 히터를 장착하는 사이 한국 드라마를 좋아한다는 사람들이 모여든다. '주몽' '소서노'를 연발하면서 젓가락질을 가르쳐달라는 사람들. 이란에서 한국 드라마, 특히 사극의 인기는 상상을 초월했다. 이 나라에서 한국 사극이 인기를 얻은 이유 중 하나는 한복 때문이란다. 이슬람 율법에 따라 드라마나 영화 속 여배우의 팔다리도 노출되어서는 안 되는데, 한복이 그에 준하는 복장이다. 게다가 아름답다. 더불어 극이 재미있고, 촬영 수준도 이란의 수준을 넘어선다. 그러니 인기가 없으려야 없을 수가 없다는 것이다.

이번 여행에서 무탈이에 장식된 태극기와 'KOREA'라는 글자를 알아본 이들은 한류가 불고 있는 나라의 사람들이었다. 그중에서도 이란 사람들이 가장 적극적이었다. 태극기를 보고 달려와 우리나라의 젊은 가수와 배우들의 이름을 댔고, 그것도 모자라 본인이 소지하고 있는 한국 상표의 제품을 보여주기까지 했다.

누가 대한민국의 이미지를 이렇게 좋게 만들었는가?

누가 이 나라 사람들에게 한국 제품을 사게 했는가?

우리 사회의 어른들이 공부 안 하는 아이들에게 즐겨 하는 말이 있다.

"하라는 공부는 안 하고 나쁜 친구들과 어울려 싸돌아다니기나 하고!"

"하루 종일 컴퓨터 게임만 할 거야? 그렇게 공부 안 해서 커서 뭐가 되려고!"

"친구들은 좋은 대학, 좋은 직장에 다니는데 너는 도대체 어쩌려고!"

지금 대한민국의 위상을 만천하에 알리고 있는 사람들은 좋은 대학을 가기 위해 공부했던 아이들이 아니다. 자기가 하고 싶은 것을 위해 공부했던 젊은 연예인들이다. 자기가 잘할 수 있고, 재미있어 하는 것을 또래보다 일찍 발견해 그것에 올인한 아이들이다. 모르긴 몰라도 노래도, 연기도, 춤도 좋은 대학을 가기 위해 밤늦도록 공부에 매진한 아이들만큼 열심히 연습했을 것이다.

하루에 조금씩 움직이며 현지인의 삶 속으로 들어가야 하는 우리가 현지인들이 가진 한국의 이미지에 대해 촉각을 곤두세우는 것은 당연한 일이다. 한국의 정치, 사회의 어두운 부분을 잘 알고 있는 사람을 만날 때보다 차라리 한국의 존재 자체를 모르는 사람을 만날 때가 훨씬 편하다. 한류가 부는 나라의 사람들을 만날 때는 우리 아이들의 어깨가 올라간다. 훌륭한 대학을 나온 성공한 어른들이 먹칠한 한국의 이미지를 노래에, 연기에, 춤에 빠져 공부 안 한 그 문제아들(?)이 개선시키고 있다.

평생 잊지 못할
영화 한 편

하루에 200여 킬로미터 안팎을 이동하는 우리 가족에게 이번 유라시아대륙 여행에서 '참, 이국적이다!'라는 곳은 별로 없었다. 비행기를 이용해 여행하는 분들은 반나절이면 다른 나라로의 시공간 이동이 가능하다. 그들에게는 이국의 기온과 풍광, 냄새, 사람들의 생김새 등 모든 것이 생소할 것이다. 그러나 러시아 블라디보스토크에서 포르투갈 호카곶까지, 다시 유럽 남부에서 발칸반도까지 매일 조금씩 움직인 우리 가족은 특별히 문화적 충격이랄 것을 겪지 않았다. 그러다 아시아의 관문인 터키에 들어오면서 처음 접한 '다른' 환경에 넋이 나갔고, 이란에 와서는 '참, 이국적이다!'라는 말이 자꾸만 튀어나올 정도로 충격을 받았다.

우리 가족은 지금 이란의 수도 테헤란에 와 있다. 서울 강남에 있는 테헤란로의 그 테헤란이다. 1977년, 테헤란 시장이 서울에 와서 서울시와 자매

결연을 맺었는데, 그 기념으로 만들어진 도로가 바로 테헤란로다. 대한민국과 이란, 한때는 참 가까운 사이였나 보다. 서울의 테헤란로의 사정은 잘 모르지만 이곳 테헤란의 도로는 무법지대다. 신호 무시, 차선 무시, 횡단보도 무시는 일도 아니다. 앞뒤 범퍼가 부딪치는 정도는 웃고 지나가고, 백미러를 치고 지나가면서도 '미안해!'라는 말이 전부다. 그러다 보니 작은 차도 아닌 무탈이를 몰고 시내를 한 바퀴 돈 아버지가 하루 만에 몸살로 드러누웠다.

집으로 가려면 이란 다음으로 지나야 하는 나라, 투르크메니스탄의 비자를 받아야 한다. 투르크메니스탄 비자는 우즈베키스탄 비자가 있어야 발급이 가능하다. 그러나 우즈베키스탄 비자를 받는 게 만만치가 않다. 우선 그

나라의 초청장이 있어야 한다. 해서 그곳에 있는 한국 여행사에 도움을 요청했다.

"이란 체류 허가 기간이 얼마 안 남았습니다. 최단 시간 안에 초청장을 부탁합니다."

"아니, 한국에서 만들면 쉬운 비자를 왜 어렵게 이란에서 만드세요?"

"우즈베키스탄에 언제 갈지 몰라서 못 만들어 왔습니다."

"예? 비행기 타고 이란에 간 것 아닙니까?"

"자초지종은 가서 말씀드리겠습니다. 빨리 좀 부탁드립니다."

초청장이 만들어지는 동안 우리는 이란을 둘러보기 위해 남쪽으로 내려갔다. 싸도 너무 싼 이곳의 기름값 덕분에 광활한 이란을 한 바퀴 둘러보아도 걱정이 없었다. 이웃나라 터키의 기름값이 리터당 2500원 정도인 반면에 이곳의 기름값은 리터당 50원에서 120원 정도다. 돈 없는 자동차 여행객에게 참 고마운 나라다.

이란은 서구 사회의 경제봉쇄정책으로 살림살이가 좀 궁핍하기는 하지만 대한민국 면적의 16배에 달하는 땅덩어리와 세계 4위의 석유 매장량, 가늠하기 어려운 찬란한 페르시아 제국의 역사와 문화를 가진 나라다. 더불어 '아라비안 나이트(천일야화)'에 나오는 '신밧드의 모험' '알라딘의 요술램프' '알리바바와 40인의 도적' 등 이 나라가 가진 설화처럼 신비로움으로 가득한 나라다.

페르시아의 보석이라 불리는 이란의 옛 수도 이스파한, 알렉산더 왕에 의해 불타버린 황금궁전 '페르세폴리스'의 도시 시라즈, 실크로드의 오아시스 마을 야즈드 등에서 생각지도 못한 풍광들과 문화에 허우적대다 보니

일주일이 훌쩍 지나갔다.

그렇게 여행을 마치고 다시 테헤란으로 올라가는 길. 조로아스터교의 잔재가 많이 남아 있다는 작은 시골 마을 어비아네의 한적한 도로에서 영화 한 편이 만들어지고 있다. 한적한 도로를 이용해 무탈이가 달리는 모습을 영상에 담아보자고 한 다윤이가 감독이고, 아버지와 무탈이가 배우다. 몇 번의 NG 끝에 감독에게 오케이 사인을 받는다. 무탈이와 아버지가 담긴 영상을 보며 웃고 떠든 후 출발하려는 순간, 지프차 한 대가 도로도 없는 벌판 위를 흙먼지를 일으키며 광속으로 달려온다.

"아버지… 아버지… 저 지프차에 기관총이… 아… 아버지, 군인인데요… 어… 우리에게 달려오는데요…!"

순간 누구도 도망갈 생각을 못 하고 그 자리에 얼어붙는다. 제발 우리를 그냥 지나쳐주길 바랐지만 지프차는 무탈이 앞에 떡하니 정차한다. 군인 한 명이 군용 지프차 화물칸에서 거총자세로 우리를 응시하고 있다. 가족을 지켜야 한다. 침착해야 한다. 잠시 후 장교로 보이는 군인이 옆구리에 있는 권총을 만지작거리며 우리 앞으로 다가온다.

"군사 시설을 찍었지? 카메라 내놔!"

"…?"

순간, 주이란 한국대사관에서 이메일로 신신당부한 말이 머리를 스쳐간다.

"이란 여행 시 관광지를 제외하고는 사진 촬영을 하지 마세요. 큰일 납니다."

이란 입국을 준비할 때 보았던 인터넷 기사도 머리를 스쳐간다.

'군사 시설을 촬영한 한국 여행객, 7년형 구형!'

눈앞에 있는 모든 것이 희뿌옇다.

KOREA

"아버지… 우짜는교?"

"얘들아, 근처에 군사 시설이 있었나?"

지프차가 달려온 방향을 확인하니 풀 한 포기 없는 황량한 황무지에 황토색 위장막 몇 동이 보이고 그 속에 포부대의 포신이 보인다.

"야들아, 저쪽 찍은 적 있나?"

"반대편이라 안 찍었심더… 아니, 찍었나…?"

이란 군인이 카메라를 확인한 후 알아듣지 못하는 페르시아어로 무전을 친다. 이상한 동양 사람들이 군사 시설은 찍지 않았는데 여기서 한참을 왔다 갔다 했다, 수상하다, 어떻게 처리할까, 라고 짐작되는 말이다. 아직 저쪽의 답이 없다. 지금이다. 지금 설득해야 된다. 우리가 평범한 가족이라는 것을 확인시켜줘야 한다.

"군인 아저씨, 우리는 가족입니다, 가족! 포르투갈 호카곶 압니까? 우리가 그기까지 갔다가 인자 집으로 가는 길입니다. 군사 시설 있는지 몰랐습니다. 우리 차 움직이는 동영상 찍으려고 왔다리 갔다리 한 겁니다. 우즈베키스탄 초청장을 기다리며 관광하고 있습니다. 우리 착한 사람입니다. 스파이 아닙니다. 한국에서 왔습니다. 지금까지 유라시아대륙을 쭉 여행했다 아입니꺼…."

"KOREA?"

"맞습니다. 한국에서 왔습니다. KOREA!"

"North? South?"

"남쪽입니다."

"Ah… South… where are you going?"

"투르크메니스탄 가서, 우즈베키스탄으로 갑니다. 그래가 우리 집에 갑니다. 우리는 가족입니다."

무탈이 옆에 부착된 지도를 가리키며 우리 가족이 지금까지 건너온 경로와 앞으로 가야 할 경로를 설명하는 순간, 험악했던 장교의 표정이 약간 풀어진다. 찬스다!

"아저씨, 여기가 우리 집입니다. 들어와보소. 야들아, 인사해라! 여기는 부엌, 여기는 자는 곳… 저것은 밥상… 우리는 가족입니다, 가족! 스파이 아닙니다!"

박 여사가 싱크대 앞에서 수도꼭지를 틀어 설거지하는 장면을 연출하고, 가스레인지에 불도 붙여 보이고 찬장을 열어 보이는 사이 이 군인 아저씨, 다시 알아듣지 못하는 페르시아어로 상부에 무전을 친다. 처량하고 애절한 열 개의 눈동자가 군인 아저씨만 바라본다.

"OK! GO!"

"예, 어디로 GO…?"

그러자 이 군인 아저씨, 과격한 리액션과 웃음 띤 얼굴로 도로 끝을 가리키며 말한다.

"GO!"

"와!!!!! 감사합니다. 정말 감사합니다. 사진 조심할게요!"

그렇게 평생 잊지 못할 영화 한 편이 해피엔딩으로 막을 내린다.

참 작고도 작은
단추 구멍

우즈베키스탄의 여행사에서 초청장이 도착했다. 이제 집으로 갈 수 있는 첫 번째 단추를 끼웠으니 두 번째 단추인 우즈베키스탄 비자를 받은 후, 세 번째 단추인 투르크메니스탄 비자만 받으면 집이 한 걸음 더 가까워진다.

눈 안 오는 이란에서 희한하게 눈보라가 치던 추운 날, 아이들과 발을 동동 구르며 테헤란 주재 우즈베키스탄영사관 마당에서 1시간 넘게 줄 선 끝에 우즈베키스탄 비자를 받았다. 집으로 가는 두 번째 단추도 끼웠다. 이제 세 번째 단추, 투르크메니스탄 비자만 받으면 이란을 떠나 집으로 갈 수 있다.

"…."

2월 3일 아침, 테헤란의 투르크메니스탄 영사관 창문에 눈을 의심하게 하는 종이가 붙어 있다.

"야들아? 저 종이에 있는 말이 무슨… 뜻이고?"

"영사관이 문을 닫는다는 말인 것 같아요. 2월 9일에 문을 연대요."

"뭐?"

옆 건물의 대사관 초인종을 급하게 누른다.

"아니, 영사관이 어떻게 문을 닫아요?"

"영사님 휴가 갔습니다."

"휴가요? 한 사람 휴가 간다고 영사관 문을 닫습니까?"

"영사관 직원이 한 사람입니다."

"…."

"2월 9일에 다시 오세요."

"비자 신청하면 며칠 만에 나옵니까?"

"보통은 일주일이요."

"우리 가족의 이란 비자가 2월 12일에 만료됩니다. 2월 9일에 신청하고 일주일 만에 비자가 나오면 우리 아이들 불법체류자로 잡혀갑니다! 방법이 없을까요? 좀 도와주세요!"

"잠깐만요."

대사관 직원이 어딘가로 전화를 한다.

"마슈하드로 가세요. 거기에 가면 투르크메니스탄 영사관이 있어요. 거기는 업무합니다."

"마슈하드? 거기가 어딘데요? 여기서 멀어요?"

"동쪽으로 1000킬로미터 정도 가셔야 해요."

"…."

"아버지, 우짜는교?"

"어차피 집으로 가려면 그쪽으로 가야 된다. 지금 바로 출발하자."

1000킬로미터, 무탈이의 속도로 3일, 그러면 2월 5일 마슈하드에 도착 가능, 2월 6일에 비자를 신청하면 비자 나오기까지 일주일이라 했으니… 2월 13일? 우리의 이란 체류 비자 만료일은 2월 12일… 12일에는 어떻게든 이 나라를 떠나야 하는데….

"야들아, 일단 가고 보자…."

유라시아대륙의 여러 나라를 지나온 긴 여행을 통해 아이들도 '다르다'라는 것을 이해하게 되었다. 이상하거나 이해가 안 되는 것이 아니라 다르기 때문에 발생하는 '차이'가 존재한다는 걸 알게 되었다. 다른 나라 사람들이 우리나라에 오면 이해 안 되는 것이 한두 가지가 아닐 것이다. 직장 회식도, 노래방도, 밤늦게까지 학원을 전전하는 어린 아이들도…. 여행을 통해 알게 되었다. '차이'와 '다름'을 인정해야 된다는 것, 그것이 그 나라를 놀러 간 사람들이 지켜야 하는 최소한의 예의라는 것을. 때문에 우리는 '이해가 안 된다.'는 말을 사용하지 않았다. 그러나 이번 일은 정말 이해가 안 됐다. 아무리 그래도 그렇지, 영사관이 문을 닫으면 우짜노?

이란의 종교적 성지이자 실크로드의 요충지인 마슈하드에 우리는 꼭 이틀 만에 도착해야 했다. 그러기 위해 하루에 400킬로미터에서 500킬로미터를 달렸다. 그 외의 다른 방도는 없었다. 그래도 이 무식한 강행군 덕분에 2월 6일에 마슈하드 주이란 투르크메니스탄영사관에 들어설 수 있었다.

"비자 만드는 데 며칠 소요됩니까?"

"일주일."

"영사님, 우리 가족의 이 나라 체류 만료일이 12일입니다. 쫌 빨리…."

"…."

"박 여사, 투르크메니스탄 국경까지 몇 킬로미터인교?"

"200킬로미터 정도 됩니다. 아침 10시에 비자 받아서 출발하면 저녁 전에는 투르크메니스탄 국경에 갈 수 있을 낌더. 일단 비자 만료일에 국경은 넘을 수 있을 낌더. 걱정 마이소."

"그래서… 이란 국경을 넘는다 하더라도 처음 들어가는 투르크메스탄에서 어디에 정박을 하는교?"

"아이, 걱정 마소. 뭐, 한두 번 넘어보는 국경도 아니고 잘 될 낌더. 걱정 마이소. 어쨌든 일주일 휴가입니다. 마슈하드에 언제 와보겠는교? 소풍이나 갑시다!"

박 여사의 한마디에 모래 씹은 표정을 하고 있던 가족의 얼굴에 살짝 미소가 번진다. 역시, 박 여사! 고맙소, 박 여사!

Photo Essay 진우

휴게소 표지판. 식사 가능하다는 것도 알겠고, 화장실이 있다는 것도 알겠는데… 저 마지막 마크는 뭘까? 나중에 사람들에게 물어보니 예배를 할 수 있는 곳이란다. 정말 이 나라 사람들은 신에 대한 믿음이 대단한 것 같다. 신기할 정도다.

비자야,
나와라, 뚝딱!

이란의 북동쪽 끝자락에 위치한 이란 제2의 도시 마슈하드는 투르크메니스탄과 아프가니스탄의 접경 지역이다. 특히 이곳은 이슬람 시아파의 성지로 유명한데, 시아파가 숭배하는 이맘(Imam, 시아파의 지도자)인 '레자(Ali Reza)'의 영묘가 있기 때문이다. 이란 사람뿐 아니라 다른 나라의 시아파 신도들도 이곳과 사우디아라비아의 메카는 꼭 방문한다고 한다.

우리 가족은 이란에서도 영적인 곳으로 손꼽히는 이 도시에서 비자 발급을 기다리며 게스트하우스에 묵고 있다. 그런데 이곳 참 이국적이다. 큰 원룸 구조에 바닥과 벽 모두가 페르시안 카펫으로 마감되어 있다. 페르시안 카펫을 수리하고 유통하는 주인장 덕분에 빈틈없이 깔린 고급스러운 카펫 위에서 잠을 자고, 밥을 먹는다. 이 나라는 식탁의 개념이 따로 없다. 가져온 음식을 카펫에 놓으면 그 자리가 식탁이 된다. 천연자원 부국답게 하루 종일 틀어놓은 가스스토브의 따뜻함과 페르시안 카펫이 뿜어내는 몽롱한 색의 향연 때문에 가족 모두가 정신줄 놓기 딱 좋은 게스트하우스.

이곳의 매니저 라피는 이 집 주인장의 친구이자 게스트하우스 손님들에게 마슈하드와 인근 관광지를 안내하는 여행 가이드이다. 그런데 이분, 이번 주는 영업을 망쳤다. 손님이라고는 한국에서 유럽을 돌아 이란까지 왔다는 이상한 가족이 전부이고, 이 가족은 천국을 만났다며 매일 카펫 위에 널브러져 밖으로 나갈 생각을 안 하고 있다. 잠시 지루해진 아버지가 착하게 생긴 라피에게 궁금한 것을 물어본다.

"혹시 술 파는 데 있습니까?"

"뭐라고요! 술, 안 됩니다! 절대 있을 수 없는 일입니다."

"아니… 혹시나 해서…."

"여기는 이슬람의 나라입니다. 그리고 이곳 마슈하드는 성스러운 도시입니다. 술은 절대 안 됩니다!"

아버지가 잘못 짚었다. 여행 가이드가 직업이니 조금 어두운 세계까지도 잘 알고 있을 거라는 계산에 물어본 것인데…. 라피는 어떤 일이 있어도 하루 다섯 번, 정성 들여 손발과 얼굴을 씻고 메카를 향해 기도를 올리는 착실한 시아파 신도다. 우리 가족과 함께 인근 지역의 다른 가정을 방문했을 때도 그는 손발을 씻고 맨발로 기도를 올렸다. 그에게는 삶이 곧 종교였다. 이란으로 넘어오기 전, 터키 쪽 국경에 이란 여행객을 위한 술 암거래상이 있었다. 술은 하나같이 엄격하게 포장되어 있었다. 술 좋아하는 아버지를 걱정한 박 여사가 "한 달간 술을 끊어야 되는데… 몇 병 숨겨 갈까요?"라고 질문했고, 아버지는 "한 나라의 문화는 존중되어야 하고 특히 지나가는 나그네라면 더더욱 지켜야 합니다."라고 답했다. 그렇게 내심 담담하게, 당당

하게 이야기했는데… 그리고 참는다고 잘 참아봤는데… 하필 이 나라 최대 성지에 와서 더 이상 참지 못하고 술을 찾았으니… 참으로 잘못한 일이다.

유유자적하던 시간은 금세 흘러 2월 10일이 되었다. 그동안 매일같이 우리 아이들에게 영어를 가르쳐주고 마슈하드 시내의 슈퍼마켓과 카펫 수리점, 양모 수제품 공방을 구경시켜주던 라피가 오늘 아침에는 아이들 대신 아버지를 불러 투르크메니스탄영사관에 가보라고 말한다.

“2월 12일에 오라고 했는데….”

“가족 비자 만료일이 12일이라면서요? 비자가 이란 출국 당일에 안 나오면 어쩌려고 그래요? 나온다 하더라도 국경까지 200킬로미터를 가는 도중에 무슨 일이라도 생기면 어쩌려고요? 일단 영사관에 가서 사정 이야기를 해봐요.”

라피가 투르크메니스탄 비자를 기다리며 이곳에 숙박했던 많은 사람들을 봐온 경험으로 한 가지 비법을 알려준다. 그의 말을 종합해보면 이렇다. 드러누워라! 해서 우리는 그길로 투르크메니스탄영사관에 드러누울 기세로 찾아갔다.

“영사님… 우리 비자 아직 안 됐습니까?”

“서류를 봅시다…. 12일에 오라고 되어 있네요. 그때 오세요. 다음 사람!”

맨 끝으로 가서 또 줄을 선다.

“영사님… 우리 여권에 찍힌 이란 비자 쫌 보소. 12일이 체류 만료일입니다. 내일이라도 어째….”

우리가 들이민 여권의 이란 비자 페이지를 흘깃 보던 영사님 왈,

"다음 사람!"

맨 끝으로 가서 또 줄을 선다.

"영사님… 우리가 유라시아대륙 일주를… 가족이… 그런데 이란에 불법 체류…."

미리 준비한 지금까지의 루트가 그려진 세계지도를 들이밀며 앞으로의 루트까지 설명하니 영사님의 눈빛이 달라진다.

"영사님, 테헤란의 투르크메니스탄 영사관이 문을 닫는 바람에 이 지경이 됐다 아입니까! 아이들 데리고 여행하다가 불법체류자 되면 안 된다 아인교? 쫌 봐주이소…."

쥐구멍만 한 창구 너머에 있던 영사님이 말없이 사라진다. 그리고 5분여 만에 다시 나타난 영사님 왈,

"55달러 곱하기 5, 합해서 275달러 주세요."

"비자가 나왔는교?"

"네."

"진짜로!"

"와!"

이제 우리 손에 투르크메니스탄과 우즈베키스탄 비자가 들려 있다. 아직 우즈베키스탄에서 카자흐스탄 비자를, 키르기스스탄에서 중국 비자를 받아내야 한다. 하지만 집이 한 걸음 한 걸음 가까워진다는 데에 한없이 감사할 뿐이다.

철옹성
국경검문소

서방세계의 자본주의적 시각에서 쏟아내던 이란에 대한 이야기를 전부라 생각했던 가족들이다. 이란에 들어오는 게 무섭다는 생각을 했던 것도 사실이다. 하지만 막상 이란에 들어와보니 이곳은 시작을 가늠하기 어려운 역사, 그 역사를 간직한 위대한 문화유산, 한 번도 접해보지 못한 다른 종교, 그 종교 속에서 피어난 다른 문화, 그리고 과한 친절이 몸에 배어 있는 따뜻한 사람들이 공존하는 아름다운 나라였다. 한 나라에 대한 선입견과 편견을 가지고 있는 여행자는 장수의 '갑옷'을 입고 여행하는 것이나 다름없다는 걸 깨닫는다. 이란은 우리에게 편견이라는 갑옷을 벗겨준 소중한 곳이다. 그런 이란에서 한 달을 보냈다. 국경 근처까지 배웅 나온 라피와 인사한 후, 이란과도 아쉬운 작별 인사를 나눈다.

힘들게 비자까지 받았으니 이제 아무 문제가 없겠구나, 믿고 싶은데 투르크메니스탄으로 다가가는 가족들이 완전 긴장 상태다. 알면서도 준비하지 못한 게 '또' 하나 있어서다. 이란 체류 중, 주투르크메니스탄 한국대사관에 국경 통과에 대한 문의를 한 적이 있는데, 우리가 가지고 있는 모든 서류가 러시아어로 번역되어 있어야 한다는 말을 들었다. 아니, 한글로 된 서류 일체를 러시아어로 바꾸라고? 그것도 페르시아 문자를 쓰고 있는 이란에서 한글을 러시아어로? 불가능했다. 그러니 그냥 또 부딪쳐보자, 가보자, 하며 여기까지 왔다. 그런데 가지고 있어야 할 무기가 없으니 눈앞에서 무장한 채 서 있는 국경수비대 군인이 두렵다. 직감적으로 미소나 호소가 통하지 않으리라는 걸 깨닫는다. 희한하게도 이곳에서는 사무관이 아닌 군인들이 입국 서류 검사, 통관 검사, 검역, 세관 검사 등을 직접 하고 있다.

"어디에서 왔습니까?"

"저기… 25인승… 미니버스…."

"아니, 어디서 왔습니까?"

"코리아…."

"북한에서 여기까지?"

"아니요… 남한에서…."

"아… 남한…."

대충 손짓 발짓 눈치로 대화를 나눈 결과, 가족은 하차해서 검역과 통관 서류 작성 후 일단 빠지고, 아버지는 저기 가서 이 서류 만들고, 그 다음에 저기 가서 돈 내고, 그 다음에 저 서류 만들고, 그 다음, 그 다음, 그 다음….

이 나라 대통령이 반팔 셔츠를 입고 찍은 대문짝만 한 사진이 걸린 방에서 서류를 만든 후, 이 나라 대통령이 숲 속에서 군복을 입고 찍은 대문짝

만 한 사진이 걸린 방에 가서 이유도 모르고 돈 내고… 그렇게 이 나라 대통령의 각기 다른 패션 네 가지를 더 보고 나서야 서류 작성이 완료된다.

무탈이 번호판은 한글 '거'로 시작한다. 영문 차량 서류에는 'GEO'라고 표기되어 있다. 영어를 전혀 사용하지 않는 이 나라의 국경사무소 담당자가 'G'자 하나 그리면서 서류를 세 번 쳐다본다. 상식이라는 것이 있다. 우리나라 사람들은 영어가 전 세계의 공용어라고 생각한다. 그러니 영어의 'G'자 정도 아는 것은 당연히 상식이다. 그런데 그거, 상식 아니다. 이 나라 사람들, 한국 국경에서도 러시아말이 통하는 줄 아는 사람들이다. 그것이 이 나라의 상식이다. 내가 알고 있는 상식이 보편타당성이 아니라는 것을 이 여행을 통해 많이 배운다.

우여곡절 끝에 만든 뭔지도 모르는 서류 한 묶음을 들고 세관 검사를 기다린다.

"아버지, 세관 검사가 장난이 아닙니다. 차를 완전히 분해해요, 분해!"

우리 앞에 있던 트럭이 검사당하는 걸 보고 있던 아이들이 혀를 내두른다. 트럭에서 화물을 제외한 모든 것이 밖으로 쏟아져 나온다. 공구박스 속의 잡동사니들은 물론이고 엔진룸의 에어필터, 운전수 문짝, 예비 타이어, 심지어 취사용 가스통까지 들고 나와 X-ray 검사대에 올린다. 직업상 이곳 국경을 자주 통과했을 트럭 운전사들의 얼굴은 별일 아니라는 듯 평온하다. 그러나 우리 차는 집이다. 단출하게 정리된 가재도구지만 그래도 엄연한 살림살이다. 설마 저런 식으로 우리 집을 뒤지는 건 아니겠지?

"탑승객은 저쪽으로 가시고, 차주는 탑승하세요."

드디어 무탈이 차례가 왔다. 두 명의 군인이 송아지만 한 탐지견을 데리고 우리 집에 들어온다. 신발도 안 벗고 남의 집 안방에…. 한 군인은 아이들 책을 한 장 한 장 넘겨보고 있고, 한 군인은 다윤이 팬티를 털고 있고, 허락 없이 들어온 수색견은 흙 묻은 발로 남의 집 안방 구석구석에 침을 묻히며 킁킁대고 있다. 이 나라의 지도자께서는 걱정거리가 많으신가 보다. 이 나라의 지도자께서는 지켜야 될 것이 많으신가 보다. 잘 교육받은, 웃음기 없는 앳된 군인들이 1시간 만에 우리 집을 나간다.

집이 아주 개판이다, 개판!

아름다운 사람들이 사는 나라

불가리아-터키 국경부터 시작된 신 실크로드 AH 1번 도로와 옛 실크로드를 따라 투르크메니스탄 마리까지 오면서 카라반들과 흥망성쇠를 같이한 여러 도시들을 보았다. 그중에서도 마리의 풍광은 우리가 상상하던 바로 그 실크로드의 풍광이었다. 수천 년의 이야기를 간직하고 있는 듯한 목가적인 느낌의 마을들, 사막 위를 자유로이 노닐고 있는 야생 낙타들, 수시로 도로를 점유하고 있는 양떼들, 아스팔트 도로를 단숨에 모래밭으로 만들어 버리는 모래바람… 이 모든 게 한 폭의 그림처럼 옛 실크로드의 모습을 모두 담고 있었다.

투르크메니스탄은 '투르크 사람의 땅'이라는 뜻이다. '오스만투르크'의 그 '투르크'다. 오스만투르크족의 후예가 사는 나라이다 보니, 곳곳에 터키와의 인연과 교류에 관한 선전물들이 많이 보인다. 남한 면적의 5배에 달하는 땅덩어리, 천연가스 매장량 세계 15위, 석유 매장량 또한 대단한 자원 부국. 자원량도 자원량이지만 옛 실크로드의 중요 경로 중 일부였기 때문에 이놈 저놈에게 피해를 많이 당한 곳이 또 이곳, 투르크메니스탄이다. 20세기 초에 다시 시작된 나라라서 사실 자본주의적인 잣대로 본다면 아직 누추한 부분이 많다. 하지만 이곳 사람들, 참 여유롭고 행복해 보인다.

그런데 희한한 풍경이 하나 있다. 엄청난 수의 위성안테나다. 특히 아파트에 달려 있는 수십 개의 위성안테나 접시들은 그야말로 이색적인 풍경을 연출한다. 한눈에 훑어도 셀 수 없이 많은 위성안테나는 이 나라의 초대 대통령 니야조프 때문에 생긴 것이란다. 그는 2006년에 사망할 때까지 세계 독재자 랭킹에 자주 올랐던 양반이다. 그는 모든 방송을 공영화하고, 그것도 모자라 하루 종일 자기 이야기로 방송을 편성했단다. 그러다 보니 그 방송을 보기 싫었던 국민들이 러시아 방송을 보기 위해 위성안테나를 달기 시작했고, 그로 인해 우리가 보고 있는 이 이색적인 풍경이 만들어진 것이란다. 국민들이 자기가 편성한 프로그램을 보지 않는다는 사실에 화가 난 이 양반, 결국 위성방송을 못 보게 하는 법을 제정하다가 돌아가셨단다.

이런저런 풍경에 조금 익숙해질 무렵, 무탈이에게 또 문제가 생겼다. 엔진 주위에서 쇠를 깎는 듯한 소리가 나고, 이어 타는 냄새까지 나는 것이다. 직감적으로 아버지가 점검할 수 있는 수준을 넘어섰다는 생각이 든다. 박 여사도 "무탈이가 심각해 보입니다. 정비소를 찾아봅시다."라고 말할 정도다. 박 여사와 아이들은 무탈이에서 나는 소음에 굉장히 예민하다. 차표만 있으면 다음 도시, 다음 나라로 갈 수 있는 그런 여행이 아니기 때문이다. 무탈이가 못 간다 하면 한 발짝도 움직일 수 없는 여행이다. 그렇다고 무탈이를 버리고 갈 수도 없는 일.

"야들아, 우짜꼬? 무탈이가 마이 아픈 것 같다."

"에이, 아버지, 걱정 마소. 우리가 이런 적이 한두 번인교? 고쳐서 가면 됩니다. 일단 정비소 찾아봅시다."

가족 모두가 나서서 도움을 줄 만한 사람을 찾기 시작한다. 드디어 회사원으로 보이는 젊은이 세 명이 우리의 레이더망에 걸렸다. 그런데 이 친구들 영어 수준이 딱 우리 가족 수준이다.

"한국에서 왔다. 차가 아프다. 정비소가?"

"와, 한국! 환영! 움직일 수 있나, 차?"

"움직인다, 차."

대충 우리 사정을 알게 된 젊은이들이 자기들끼리 이야기를 나눈다. 그 중 한 친구가 지나가는 승용차를 세우고 뭐라 뭐라 이야기를 하더니 승용차 운전사에게 돈을 준다. 그리고 우리에게로 다시 돌아온다.

"미안하다. 바쁘다. 저 차 따라가면 정비소 간다. 돈 줬다."

"네가 왜 돈?"

"너희 가족, 멀리서 온 손님, 어려움에 처한 사람이다. 우리 정비소에 같이 가서 도움 줘야 된다. 그러나 바쁘다. 정비소 못 간다. 미안하다."

이름과 이메일을 가르쳐달라는 우리의 요구에 "Sorry."만 연발하고 바쁘게 사라지는 젊은이들. 우리 아이들이 또 선생님을 만났다. 이름 모를 젊은이들 덕분에 투르크메니스탄은 아름다운 자연보다 더 아름다운 사람들이 사는 나라로 기억될 것 같다.

투르크메니스탄
달과 낙타

어른의 잘못으로 대가를 지불할 아이들

투르크메니스탄의 까다로운 출국 심사를 마치고, 중앙아시아의 두 번째 나라 우즈베키스탄의 국경검문소에 들어섰다. 우즈베키스탄 육로 국경 또한 만만한 국경검문소가 아니다. 그러나 투르크메니스탄 국경에서 혹독한 특별 훈련을 받고 온 우리 가족에게 이 국경검문소는 봄날과도 같았다.

삐딱하게 쓴 모자, 지퍼가 열린 외투 밖으로 튀어나온 배, 세상을 관조하는 듯한 인자한 미소, 여유로움이 묻어 있는 군인들 덕분에 우리도 한결 여유롭게 우즈베키스탄으로 들어왔다.

여기까지 왔으니 이제 중국이 지척이다. 중국 옆에 우리 집이 있다. 집을 떠나 10개월여 만에 도착한 중앙아시아. 여행 동안 자연스럽게 만들어진 더듬이를 통해 집이 가까워졌다는 것을 알 수 있다. 사람들의 생김새, 음식, 공기로 집이 가까워졌음을 느낀다.

실크로드의 주선, 간선이 교차하는 대상(隊商)들의 오아시스. 그 옛날, 동양의 물건들이 서양으로 갈 때 지나야 하는 곳이 바로 우즈베키스탄이었다. 그러니 이 금싸라기 땅을 탐내는 양반들이 참 많았을 것이다. 기원전 6세기 페르시아 제국, 기원전 4세기 알렉산더 대왕, 7세기 터키, 8세기 아랍, 10세기 사만왕조, 13세기 몽골, 14세기 티무르, 19세기 러시아…. 통치자가 바뀌었다고 해야 하나? 침략을 당했다고 해야 하나? 지배를 받았다고 해야 하나? 이곳의 역사는 헷갈릴 만큼 복잡하다. 현재 125개의 민족이 공존하는 다민족국가라니, 그 역사를 어찌 이방인이 헤아릴 수 있겠는가. 그 다민족 중에는 시베리아로의 강제 이주라는 슬픈 역사를 간직한 고려인도 18만 명 정도 계신다고 한다. 하지만 이러한 복잡한 역사 덕분에 지붕 없는 박물관이라는 이름이 생길 만큼 찬란한 역사, 문화를 간직한 나라가 또 우즈베키스탄이다. 그중에서도 도시 전체가 세계문화유산이라 일컬어지는 도시, 부하라에 무탈이를 세운다.

우리 가족은 유라시아대륙에 산재한 세계문화유산을 보며 여기까지 왔다. 그러나 이곳 부하라는 여느 세계문화유산과는 달랐다. 관광객과 그들을 대상으로 장사하러 온 사람들로 북새통을 이루고 있는 유럽의 그것과는 확연히 달랐다. 정제된 유물과 건물들이 정성스럽게 보존되어 있는 그런 곳이 아니었다. 동네 꼬마들이 나이를 가늠하기 힘든 고색창연한 성곽 옆에서 공을 차고, 동네 아저씨들이 고대 유적에 기대어 차를 마시고, 1000년의 세월을 간직한 시장에서는 여전히 옛날 방식으로 양고기와 카펫을 판다. 그야말로 삶의 터전이 세계문화유산 속에서 유지되고 있었다. 참으로 멋지고도 부러운 장면들이다.

숙소에 세워둔 무탈이 외부의 여행 지도를 유심히 보고 있던 조그마한

아이가 우리에게 말을 건넨다.

"와, 한국에서 오셨네요. 가족이에요? 대만은 안 가세요?"

"대만? 안 가는데. 대만은 어째?"

"엄마, 아빠가 대만에 돈 벌러 가셨어요. 아버지는 5년 전에… 엄마는 3년 전에…."

"아, 지금 너는 누구하고 살고 있노?"

"할머니하고 둘이서 살아요."

중학교 2학년이라고 자신을 소개한 이 친구가, 경제적 이유로 보고 싶은 부모와 떨어져 할머니와 단둘이 살고 있는 이 친구가 여행하고 있는 우리 가족을 보고 혹시 마음의 상처를 받으면 어쩌나 염려된다.

"야, 내일 일요일인데 뭐 하노?"

"별일 없는데요."

"그러면 내일 부하라 가이드 쫌 해라. 할머니에게 점심은 우리와 먹는다고 걱정 마시라 말씀드리고 내일 10시까지 여기로 와라, OK?"

"OK!"

다음 날.

수줍게 웃으며 찾아온 훌륭한 현지 가이드와 함께 세계문화유산 부하라를 거닌다. 더위를 피할 수 있는 돔 형태의 천장을 가진 재래시장 굼바스, 흙에 낙타 젖을 넣고 반죽한 벽돌을 정교하게 쌓아올린 부하라의 상징 칼란 미나렛, 옛 왕궁을 감싸고 있는 조형미의 걸작 아리크 고성, 이란과는 또 다른 아름다움을 간직한 수많은 모스크들…. 부하라 도시 전체가 세계문화유산이라는 말은 괜히 나온 말이 아니었다.

오늘 하루 우리 가족의 가이드를 하느라 고생한 아이에게 박 여사가 돈을 조금 넣은 지갑을 선물한다. 혹시 이 돈이 어린 마음을 다치게 하지는 않을까, 이 나라의 문화와 동떨어진 짓은 아닐까, 하는 조심스러운 마음이 없었던 것은 아니다. 하지만 꼭 보답하고 싶었다. 지갑 속은 나중에 확인하라고 말한 후, 아이와 정다운 웃음을 나누며 헤어진다.

이 어린 친구의 엄마, 아빠와 비슷한 사연으로 우리나라로 일을 하러 오신 분들이 많을 것이다. 중앙아시아를 여행하다 보면 무탈이의 전면에 부착된 태극기를 보고 반갑게 달려오는 현지인들을 많이 만난다. 유창한 한국말로 한국에서 근무했었다고 말하는 분들도 많다. 그때마다 우리 가족은

걱정이 앞선다. 혹시라도 우리 차에 반갑게 달려온 분들이 일부 몰지각한 고용주에게 피해를 당했던 분들은 아닐까, 하는 우려다. 지금 우리나라 어른들이 만들어놓은 결과물 때문에 아이들이 대가를 지불하는 일들이 생길지도 모른다. 일부 몰지각한 아버지들, 어머니들 때문에 그 아이들이 그저 한국인이라는 이유로 대가를 지불할지도 모른다.

집으로 한 걸음 더 가까이

중국으로 가는 길은 카자흐스탄을 통과하는 방법과 키르기스스탄을 통과하는 방법이 있다. 그중 조금 더 용이하다는 키르기스스탄으로 경로를 잡았다. 하지만 톈산산맥을 넘어 바로 키르기스스탄으로 들어가는 게 계절적으로 위험하고, 얼마 전 있었던 소요사태로 안전이 보장되지 않는다는 정보를 듣고 옛 실크로드의 초원길이라 불리는 카자흐스탄의 대초원을 500여 킬로미터 우회하여 키르기스스탄에 들어섰다. 물론 카자흐스탄을 넘을 때도 비자 소동은 있었다. 하지만 그간의 일화들에 비하면 말할 건더기도 없을 정도의 작은 문제였다.

키르기스스탄은 중앙아시아의 스위스라 불릴 정도로 천혜의 자연을 간직한 곳이다. 게다가 대한민국 사람에게 무비자로 입국을 허용한다. 그것 하나만으로도 눈물이 날 정도로 고마운 나라다. 눈 덮인 톈산산맥과 어우

«ТАЛАНТ»

러진 이시쿨호수의 아름다운 경관을 눈에 넣으며 이 나라의 수도, 비슈케크에 들어선다. 중국과 국경을 맞대고 있어선지 우리나라 교민과 고려인 동포가 눈에 많이 띈다. 그저 같은 말을 쓰는 사람들을 봤을 뿐인데도 마음이 한결 놓인다. 이곳에서 우리는 힘을 내야 한다. 아니, 힘을 얻어야 한다. 집으로 돌아가기 위한 마지막 관문, 철옹성을 능가할 중국이라는 관문을 통과해야 하기 때문이다.

개인이 차량을 가지고 중국을 여행하는 것은 거의 불가능하다. 한국에서부터 그 사실을 알고도 이곳까지 왔다. 하지만 어디까지나 인터넷에 나도는 풍문으로 알고 있는 정보였다. 그 풍문을 아이들과 함께 직접 확인하고, 그 풍문대로 차량 여행이 불가능하다면 왜 안 되는지 알아보고 싶었다. 더불어 새로운 방법을 아이들과 함께 모색해보고, 그래도 안 되면 그때 돌아서고 싶었다. 그래서 무모하게 중국 코앞까지 아이들과 함께 왔다.

주키르기스스탄 중국대사관, 주키르기스스탄 대한민국대사관, 주중국 대한민국대사관, 키르기스스탄 한인회, 현지 한인 여행사 등에 문의한 결과, 차량을 이용한 중국의 여행은 현실적으로 불가능하다는 결론을 내렸다. 돌려받을 수 있을지 의문인 고액의 보증금 제도, 운행 중 현지 가이드 동승 문제, 지방자치단체마다 달리 해석하는 낡은 경유 차량의 공해 배출 기준… 일개 가족의 힘으로는 넘을 수 없는 산이었다. 개인의 힘으로는 감당할 수 없는 현실이었다. 안다. 뻔한 일에 최선을 다했다. 끝을 알면서도 최선을 다했다. 아이들과 함께 자료를 조사했고, 함께 이메일을 작성하며 여러 기관에 문의했고, 함께 대사관, 관계 단체, 여행사를 다니며 확인하고 또 확인했다. 벽도 아이들과 함께 보았다.

"얘들아, 우리는 최선을 다했다. 시베리아를 돌아서 집으로 가자."

"아버지, 수고하셨습니다. 다음에 우리가 다시 해볼게요."

이곳에서 중국을 5000여 킬로미터 관통하면 나오는 서해 바다. 그 바다 건너가 우리나라, 우리 집이다. 아쉽지만 지금은 돌아가야 할 때다. 키르기스스탄에서 밑으로는 타지키스탄과 아프가니스탄이다. 현재 우리나라 사람이 가면 안 되는 나라다. 그러면 방법은 북쪽에 있는 카자흐스탄까지 2000여 킬로미터를 올라가 다시 러시아의 시베리아 벌판을 7000여 킬로미터 달려 블라디보스토크 항구까지 가야 한다. 그곳에서 동해를 건너 집으로 가는 방법밖에는 다른 길이 없다.

유라시아대륙을 장애물 없이 다녀야 대한민국이 대륙의 출발점이 된다. 그것을 실현해보고 싶었다. 사실 돈이 많이 있으면, 조직의 도움을 받으면

현실적으로 불가능한 일도 아니다. 그러나 그것은 여행이 아니고 일이다. 여행을 하고 있는 우리 가족은 왔던 길로 돌아가기로 한다.

카자흐스탄에 펼쳐진 초원길을 2000여 킬로미터 달린다. 매일 반복되는, 눈이 시리도록 아름다운 풍경. 그 속에서 특이한 장면이라도 만나면 박 여사가 진우에게 말씀하신다.

"진우야, 안 예쁘나?"

그 말씀은 진우더러 사진을 찍으라는 이야기다. 운전석과 조수석 사이의 보조석이 자기 자리인 진우가 사진 담당이기 때문이다.

"어머니, 제가 알아서 찍어요."

"와 안 찍노? 안 예쁘나?"

막내 진우는 여행 전 카메라를 접하지 못했다. 아버지가 여행의 기록을 위해 구입한 카메라는 여행이 시작되자마자 진우의 소유가 되었다. 아버지가 풍경을 찍을 만한 여유가 없는 것도 이유였지만 이 친구가 본인의 새로운 재주에 푹 빠져서다. 여행 전 장래희망이 없었던 이놈이 나그네 길에서 '사진작가'라는 목표가 생겼다. 꿈은 바뀔 수도 있다. 그럴 나이다. 그래도 원하는 장래희망이 고3 성적으로 결정되지 않아 다행이다. 이 여행이 진우에게 준 여러 가지 선물 중 하나라고 생각한다. 진우가 찍은 사진 중 박 여사의 성화

에 못 이겨 찍은 카자흐스탄의 초원 풍경은 우리 가족이 꼽는 명장면에서 매번 빠진다. 그래도 박 여사는 계속하신다.

"진우야, 저기… 저기… 안 예쁘나?"

무념무상으로 내리 5일을 달린 끝에 카자흐스탄-러시아 국경에 도착한다. 모래바람만 부는 황량한 벌판에 두 나라의 검문소 건물 두 개가 덩그러니 마주하고 있다.

"러시아 비자가 없네요. 못 갑니다. 돌아가세요!"

"대한민국과 러시아는 무비자예요."

"그래요?"

카자흐스탄 국경수비대 군인이 걸어서 이웃집 러시아에 가서 문의를 하고 돌아온다.

"지금 내가 러시아에 가서 물어봤는데 한국 사람 비자 있어야 됩니다. 돌아가서 비자 만들어 오세요."

"아이 참, 한국하고 러시아는 2014년 1월 1일부터 무비자입니다. 저하고 러시아에 가봅시다."

카자흐스탄 국경수비대원과 함께 50미터를 걸어서 도착한 러시아.

"우리 가족은 대한민국 사람이고 대한민국과 러시아는 무비자입니다."

"아니요, 한국 사람은 비자 있어야 됩니다."

하지만 내심 자기도 궁금한지 난생처음 본다는 한국 여권을 만지작거리며 이곳저곳에 전화를 돌린다.

"확인했는데 한국 사람 비자 있어야 됩니다. 우리는 그렇게 알고 있으니 당신들이 무비자로 들어올 수 있다는 걸 증명하세요."

"아니 국가 간에 체결한 협약을 개인이 어떻게 증명합니까?"

전화기 전파도 잘 안 잡히는 허허벌판에서 우리더러 한국 사람이 러시아에 들어갈 때 무비자라는 것을 증명하란다. 두 나라를 정신없이 왔다 갔다 하는 사이, 차에서 기다리고 있던 아이들이 부른다.

"아버지! 점심 먹고 합시다."

"다윤아, 전화 되나?"

"저쪽 건물 뒤쪽에 가면 안테나 한두 개 잡힙니더!"

"블라디보스토크 한국영사관에 도움 쫌 요청하자!"

허허벌판 중립지대에서 5시간의 실랑이 끝에, 우리는 대한민국과 러시아가 무비자로 입국 가능하다는 아주 간단한 사실을 증명해 보였다. 쉽게 생각했던 러시아로의 재입국이 이리도 힘들게 진행될 줄이야!

예상치 못한 배낭여행

카자흐스탄 국경에서 바이칼호수까지, 3000여 킬로미터를 달려왔다. 여름의 푸르름이 가득했던 시베리아에 잔설이 남아 있는 4월에 다시 왔다. 여행의 설렘을 가득 안고 지나왔던 시베리아에 집으로 돌아가는 설렘을 가득 안고 돌아왔다. 하지만 그 반가움도 잠시, 가족의 얼굴에 수심이 가득해진다.

"아버지, 다른 방법이 없을까요? 바이칼호수에서 블라디보스토크까지의 시베리아는 알고는 다시 못 갑니다."

"여기서부터는 고지대입니다. 눈길이 위험해 보입니다."

4월 말, 5월 초의 시베리아는 날씨 예측이 불가능한 곳이다. 녹은 눈이 한꺼번에 도로를 휩쓸어버리기도 하는 가늠이 안 되는 곳이다. 1년 가까운 여행에 아이들이 지쳤다. 아이들이 이미 경험했던 시베리아를 두려워하고 있다. 아버지도 기본적인 완충장치밖에 없는 미니버스를 4만 킬로미터 넘게 운전했다. 가끔은 허리가 끊어질 것처럼 아프다. 그러니 아버지도 무탈이와 함께 그곳에 다시 가기가 두렵다. 정말 방법이 없을까?

열띤 가족회의 끝에 바이칼호수의 인접 도시이자 시베리아 교통의 요충지인 울란우데에서 특단의 조치를 취하기로 한다. 무탈이를 대형 트럭에 실어 화물로 러시아 블라디보스토크까지 보낸 후, 가족들은 시베리아 횡단열차를 타고 몽골을 지나 중국 베이징까지 가서, 다시 연해주를 통해 러시아 블라디보스토크까지 올라가 무탈이를 데리러 가는 '배낭여행'을 감행하기로 한 것이다. 출발할 때 통과하지 못했던 북한 땅을 중국의 두만 강변에서라도 아이들과 함께 보고 싶다는 박 여사의 의지 또한 이 결정에 한몫을 했다.

다윤이가 시베리아 횡단열차표를 확인하고, 박 여사와 머스마들이 배낭여행에 필요한 물품을 정리하고, 아버지가 무탈이를 화물로 보내는 방법과 몽골 통관 비자 받는 방법 등을 알아보는 사이 며칠이 훌쩍 지나갔다.

그리고 드디어 울란우데에서 시베리아 횡단열차에 몸을 싣는 날.

"아버지, 열차가 국경을 지날 때 세관 검사와 여권 검사는 어떻게 할까요? 출입국 도장을 찍으려면 내려야 하는데… 짐 검사도 해야 하고…."

국경깨나 넘어본 우리 아이들이 열차 타고 가는 국경을 궁금해한다. 열차에 오른 지 몇 시간 후 도착한 러시아 국경. 객차의 앞뒷문을 잠그는 소리가 들리더니 러시아 국경수비대 복장을 한 수많은 사람들이 객차 안으로 들어선다. 여권 사진과 승객의 얼굴을 일일이 대조한 후 여권을 회수해 가는 사람, 객차 천장 위의 환풍구와 침대 밑을 열어보는 사람, 배낭과 이불 속을 뒤져보는 사람… 온 객차 안이 그야말로 아수라장이다. 한바탕 소란이 끝났는데도 객차 안의 앞뒷문과 화장실 문은 열릴 기미가 없다. 다시

int. transport

РЕСТОРАН
УБТЗ
102

1시간여를 무엇을 위해, 누구를 기다리는지도 모르고 앉아 있는데, 국경수비대원이 회수해 갔던 여권을 돌려준다. 러시아 출국 스탬프를 신기하게 쳐다보는 동안 열차가 다시 움직인다.

2층 침대가 두 개인 4인용 기본 침대칸이 44시간 동안 우리의 집이다. 다섯 명이라 할 수 없이 끊어놓은 옆 칸의 침대 하나는 무용지물이 되었다. 24시간 제공되는 따뜻한 온수로 끓여 먹는 컵라면과 커피 한 잔, 정차하는 역마다 그 지역 먹을거리를 들고 나온 아주머니들이 벌이는 작은 장터 풍경, 차창 밖 광활한 초원의 풍광 모두가 기차 여행이 선사한 아름다운 선물이다. 하지만 정박지 걱정 없이, 무탈이 걱정 없이, 아버지의 운전 걱정 없이, 박 여사의 식사 걱정 없이, 가족 모두가 함께 널브러져 지나온 여행의 무용담을 화제 삼아 노닥거릴 수 있는 안락함이 우리가 받은 예상치 못한 가장 큰 선물이다.

시베리아 횡단열차에서 2박을 하고 맞은 아침. 식당 칸 차창 밖으로 보이는 중국의 풍경이 익숙하다. 처음 와본 중국이지만 유라시아대륙 전체를 통틀어 제일 익숙한 풍경이다. 다음 역이 울산역일 것만 같다. 식당 칸에서 돌아오는 길에 샤워실이 딸린 2인실을 본 박 여사 왈,

"다음에 우리 둘이 2인실 예약해서 시베리아 횡단열차 타고 유럽 한 번 가요. 눈이 가득한 시베리아 벌판에 보름달 뜰 때…."

마음이 풀어진 박 여사가 헛공약을 남발하는 사이, 기차는 서서히 중국 베이징역에 들어선다.

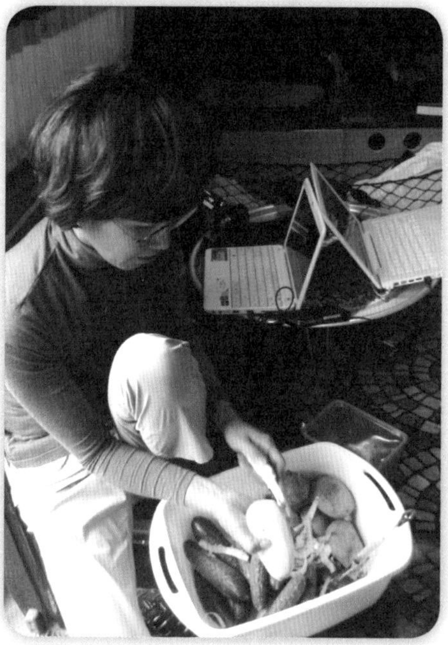

Photo Essay 다윤

생각지도 못했던 기차여행. 이것 참 매력 있다. 무탈이는 엉덩이를 자주 마비시킨다. 그런데 기차는 승차감도 좋고 누울 수도 있고… 여러모로 편하다. 그중에서도 어머니가 밥 걱정 안 하시는 게 가장 좋다. 무탈이를 타고 다니면서 식사 때만 되면 어머니는 밥 준비에 여념이 없으셨는데, 이제 그 걱정 없이 한국까지 갈 수 있게 되었다. 어머니, 그동안 밥 정말 잘 먹었습니다! 감사합니다!

건너지 못하는 강

베이징 도심의 게스트하우스에 짐을 풀고 가족 모두 관광을 온 여행객처럼 폼 나게 시내를 활보하며 '고궁박물관' '만리장성' 등의 유적지를 둘러보았다. 그사이 무탈이가 무사히 블라디보스토크에 도착했다는 차량 운송 회사의 이메일을 받았다.

러시아 블라디보스토크로 가는 국제버스는 조선족 자치주의 끝자락이자 러시아와 북한 땅의 경계점인 훈춘이라는 도시에서 출발한다. 하지만 두만강변에서라도 북한 땅을 보겠다는 우리 가족의 욕심을 채우려면 훈춘으로부터 70킬로미터 정도 떨어져 있는 도문역으로 가야 한다. 도문역 역시 베이징역에서 36시간 정도 소요되는 먼 곳이다. 그래도 북한 땅은 봐야겠다.

기차표를 사온 다윤이가 신나게 이야기한다.

"아버지, 도문으로 가는 기차표 구입했어요! 전부 침대칸이에요. 침대가

3층으로 되어 있고요. '상(上), 중(中), 하(下)' 로 팔기에 다 '상'으로 샀어요. 오래 가는 기차라 쫌 편하게 가려구요. 근데 이 글자가 제일 좋다는 한자 맞지요?"

다음 날 도착한 베이징역. 객차 입구에서 남자 승무원이 표를 회수한 후, 자리로 안내해준다. 그런데 그가 안내한 자리가 3층 침대의 제일 꼭대기다! 앉아서 허리도 펴지 못하는 꼭대기 자리 말이다! 이게 우째 된 일이고?

"아저씨, 우리 가족은 제일 좋은 기차표 '상'을 샀는데요?"

"그래, '상', 위쪽!"

"잘못 보신 거 아니에요? 제일 밑의 창가 자리가 좋은 자리니까 여기가 우리 침대 아니에요?"

"그기는 제일 좋은 자리, '하', 아래쪽!"

"다윤아! 앉지도 못하고 36시간을 우째 가노?"

칸과 칸 사이에 벽이 있고 통로 쪽에는 벽이 없는 도문행 침대 기차. 일어나면 머리가 천장에 닿는 3층 침대에 한 명씩 들어가 누워 머리만 내민 채 대화를 나눈다.

"어머니, 밥은 어떻게 먹어요?"

이 또한 다 추억이 되겠지 싶어 그저 웃음만 나온다. 다행히 기차의 속도처럼, 시간은 잘만 흐른다.

눈을 떠보니 도문역에 도착해 있다. 우리는 정신없이 짐을 찾아 메고 기차에서 내려 내리 20여 분을 걷는다. 그리고 드디어 만난다. 두만 강! 그리고 그 너머의 북한 땅을! 묵직한 무언가가 가슴을 때린다. 가깝지만 갈 수 없는 곳, 북한 땅이 지척이다.

북한과 연결된 다리의 중간에서 중국 젊은이들이 기념사진을 찍고 있다. 다리의 가운데 부분이 국경선인 모양이다. 내친김에 우리도 그곳으로 가려고 몸을 움직인다. 그런데 중국 군인이 우리를 막아서며 신분증을 요구한다. 급한 마음에 얼른 여권을 보여준다. 돌려주는 여권을 받고 다리 쪽으로 발을 떼려는데 다시금 우리를 가로막는 군인.

"대한민국 사람, 못 들어갑니다."

'바퀴 굴려 가는 유라시아대륙 일주'라는 거창한 구호 아래 시작된 여행. 대한민국이 대륙의 변방이 아니라 대륙의 출발점이라는 것을 증명해보고자 시작한 철없고 무모한 여행. 그 시작을 막아섰던 북한 땅. 돌아오는 길에 중국 쪽에서라도 꼭 보고 싶어 아이들과 함께 왔건만, 두만 강변에서도

마음은 무겁기만 하다.

"얘들아, 다 어른들 잘못이다. 너희들 힘으로 다음에 저 다리를 건너 유럽으로 가거라."

국경은 한 나라의 혈관과도 같다. 북한의 혈관은 중국으로만 뻗어 있고, 남한의 혈관은 바다와 하늘로만 뻗어 있다. 남북으로 이어져 있던 혈관은 막혀서 피가 흐르지 않은 지 벌써 오래다. 이 혈관이 뚫리지 않는 한 대한민국은 섬이다. 일개 가족이 어찌할 수 있는 일이 아니지만 이 여행을 통해 희망을 가져본다. 다시 따뜻한 피가 흐르기를….

아쉬움을 뒤로한 채 도문에서 버스를 타고 2시간여 만에 도착한 훈춘. 높이 솟은 마천루와 화려한 호텔들, 세계적인 프랜차이즈 상점들이 널린

훈춘은 그야말로 별천지다. 시내에 있는 버스터미널의 이름도 거창하다. '훈춘국제버스터미널.' 버스가 국제선이다. 이 버스터미널에서 러시아 블라디보스토크로 가는 버스에 오른다. 중국 국경검문소까지는 괜찮았는데, 러시아 국경검문소에서 또 일이 터진다. 버스에서 내려 제일 먼저 러시아 입국 절차를 밟고 있던 진영이를 러시아 수비대가 에워싼 것이다.

"진영아, 무슨 일이고?"

"아저씨들이 여권을 가지고 사무실로 갔심더…."

국경수비대 사람들이 사무실을 부산하게 왔다 갔다 하는 사이, 입국심사대에는 우리 가족만 남았다. 건물 내에도 엄연히 국경선이 있다. 진영이는 이미 러시아에 있다. 그리고 나머지 가족은 아직 중국에 있다. 우리 때문에 시간에 쫓기게 된 러시아 버스 운전사가 국경수비대와 인상까지 붉혀가며 옥신각신 중이다.

"우리 아이에게 무슨 문제라도 있습니까?"

"이 아이, 이란은 왜 다녀왔습니까?"

이제야 앞뒤 정황이 풀린다. 진영이 여권에 찍힌 이란 출입국 스탬프가 문제였다. 어린아이가 왜 이란에? 이란하고 이 나라가 무슨 문제가 있는지는 모르겠지만 진영이가 이란을 다녀온 정확한 이유를 알아야겠다는 질문이다.

"여행이요, 가족 여행."

무탈이가 없으니 설명하기가 참 어렵다. 땅바닥에 세계지도를 그려가며, 지금껏 밟아왔던 나라들의 출입국 스탬프를 보여주며, 가족의 유라시아대륙 일주를 이해시키고 나니 어려운 질문이 돌아온다.

"블라디보스토크에서 여행을 시작했는데, 여권에 왜 러시아 출입국 스탬

프가 없나요?"

프랑스 남부에서 여권을 도둑맞아서 이탈리아에서 단수여권을 만들고, 다시 크로아티아에서 복수여권을 만들어….

장황하기만 한 1년의 대하드라마를 팬터마임과 그림으로 설명하자니 진이 다 빠진다. 우여곡절 끝에 드디어 가족 모두 국경 통과!

이제 이 여행의 마지막 나라, 집으로 가는 마지막 관문, 무탈이와 함께 한국으로 들어가기 위한 곳, 러시아로 다시 들어간다.

무모한 여행,
감사한 여행

이 긴 여행의 첫 여행지였던 러시아 블라디보스토크. 그곳에 여행을 마치기 위해 다시 돌아왔다. 지금 가족의 눈에는 블라디보스토크의 풍경이 보이지 않는다. 눈앞에 펼쳐진 넓은 동해만 보일 뿐이다. 저 바다만 건너면 집이다, 라는 생각, 오로지 그 생각 하나뿐이다. 울란우데에서 헤어졌던 무탈이도 곁에 있다. 이제 준비가 다 되었다. 가자! 집으로 가자!

대한민국으로 우리 가족을 데려다줄 배가 정박해 있는 자루비노항까지는 200여 킬로미터. 오늘의 운전이 유라시아대륙 일주의 마지막 운전이라는 생각에 가슴이 벅차오른다. 그동안 '사고가 나면 어쩌나?' '아이들이 다치면 어쩌나?'라는 두려움과 걱정을 어깨에 꾹꾹 짊어지고 다녔다. 마음을 졸여가며 여기까지 왔다. 하지만 오늘이 마지막 운전이다. 이 운전만 잘 마치면 이제 모든 두려움과 걱정을 내려놓아도 된다. 그런데 이 마지막 운전이 이상하리만큼 어렵고 긴장된다. 운전대를 잡은 손에 땀이 차고, 눈앞의 산이 가까워지지 않는다. 두만강 하구의 러시아 도시 하산과 북한의 선봉 지역이 지척이라 오랜만에 편안한 풍경을 접하건만 그 모습에 눈 둘 여유가 없다.

두려울 만큼 광활했던 시베리아, 지나가는 차 한 대 없던 영하 30도의 터키 아나톨리아 고원지대, 황량한 모래바람만 불어대던 투르크메니스탄의 황무지를 달릴 때도 이렇게 입이 바싹 마르지는 않았다. 매일 운전석 뒤에서 아버지의 어깨를 보아온 가족이 아버지의 심정을 알아차린다.

"아버지, 걱정 마이소. 우리나라가 바로 코앞임더. 전화 한 통이면 삼촌도 달려올 수 있는 거리임더. 긴장하지 마이소!"

아이들의 격려 속에서 무사히 도착한 자루비노항. 봄비가 추적추적 내리고 있다. 해운선사의 한국인 직원 덕분에 여행 후 처음으로 편안하게 출국수속을 마친다. 집으로 간다는 생각으로 들떠 있는 가족을 먼저 객실로 보낸 후, 아버지는 무탈이를 탑승시키기 위해 화물칸으로 향한다. 그곳에 지난 1년 동안 4만 7761킬로미터를 우리와 함께 달려온 무탈이가 조용하게 서 있다. 말없이 무탈이를 어루만져본다. 이제 아버지도, 무탈이도 유라시아대륙 일주의 마지막 운전을 마쳤다. '이제 운전을 하지 않아도 된다.' '이제 안전하다.' 이 생각을 하자마자 눈물이 하염없이 흘러내린다. 눈물의 이유도 알아차리기 전에 여행 중 한 번도 떠오르지 않았던 돌아가신 어머니가 생각난다. 그러자 더 목이 멘다.

"어머니… 무사히 여행을 끝마쳤습니다. 아이들 손끝 하나 다치지 않게 잘 데리고 왔습니다…. 어머니!"

눈시울이 붉은 채 객실로 올라온 아버지를 아이들과 박 여사가 끌어안는다.

“아버지, 수고하셨습니다! 고맙습니다!”

“아니다. 너희들에게 고맙다. 정말 고맙다!”

다섯 명이 하나가 되어 서로를 보듬는 사이, 배가 러시아 자루비노항에서 멀어지고 있다.

안락한 곳을 버리고 낯선 곳을 찾아 돌아다녔던 1년. 옳은 일이었나? 모른다. 모른다. 그저 최선을 다했을 뿐이다. 이것이 아버지가 아이들에게, 남편이 사랑하는 아내에게 줄 수 있는 마지막 선물이라 생각하고 최선을 다했다. 아이들도, 아버지도, 박 여사도 이 일로 대가를 지불해야 할 것이다. 남들 열심히 공부하고 일할 때 유랑이나 하며 유유자적 시간을 보낸 대가는 혹독할 것이다. 그것 또한 여행의 선물이라 생각하고 달게 받을 것이다.

이 여행이 최소한 아이들의 삶을 풍부하게 해줄 밑거름이 되었기를 희망하며 이 무모한 소풍을 마친다.

이제 짐을 내려놓는다.

속초항국제
KOREA EUROPE
КЫРГЫЗСТАНДАН
САЛАМ!

객터미널
NAL

여행이 끝난 후.

이 책을 쓰기 시작한 지 10여 개월 만에 에필로그를 씁니다. 글 쓰는 재주가 없는 것이 주원인이겠지만 때때로 여행을 회상하기 싫었던 것도 그 길었던 집필 기간의 이유가 되었습니다.

알고 계시다시피 여행이라는 게 늘 좋은 일만 있는 것은 아닙니다. 때로는 나쁜 기억이 더 오롯이 생각납니다. 언덕 너머의 길도, 하루 저녁의 정박지도, 내일 갈 곳도 모른 채 두려움과 행복 사이를 오갔던 여행이었습니다.

이 무모한 여행을 마치고 한국으로 돌아오니 많은 분들이 물어보십니다.

"아이들이 세계 곳곳을 누비고 왔으니 대단해졌겠지요?"

그런 것 없습니다.

"아이들이 1년간 외국 생활을 했으니 영어는 잘하겠지요?"

그런 것 없습니다.

장기여행이 그런 결과를 안겨준다면 학원가에 여행 전문학원이 생겨날 것입니다. 우리 아이들은 긴 시간, 유라시아대륙에서 그저 놀다 온 아이들입니다. 그 시간 동안 열심히 공부한 아이들보다 사회에서 말하는 '스펙'이

더 좋아진다면 불공평하다고 생각합니다. 그러니 제게 물어보시는 그런 결과들, 없습니다. 무엇을 얻기 위해 떠났던 여행이 아닙니다. 단지 가족과 함께하고 싶어 떠났던 여행입니다. 그 대가로 아버지는 25년간 지속된 사회적 연결고리가 끊어져 그곳으로 다시 복귀하지 못하고 있습니다. 아이들 또한 또래의 아이들보다 많이 뒤처지고 있습니다.

이 여행이 아이들에게 조금이라도 도움 된 게 있다면 외국 친구들과의 교류, 세계 종교의 인식, 문화적 다름의 이해, 가족애 등을 댈 수 있을 겁니다. 이 모든 게 좋은 대학으로의 입학, 좋은 직장으로의 취직에 도움이 되는 스펙은 아닐 것입니다. 하지만 어려운 여행을 통해 생긴 튼튼한 맷집은 아이들이 살아가는 데에 많은 도움이 되지 않을까 생각해봅니다. 삼남매가 함께 바라보며 만든 여행 이야기 또한 그들만의 끈끈한 연결고리가 될 것입니다. 저는 그걸로 족합니다.

1년 만에 속초항으로 입국하여 가족과 함께 만들어놓은 시골집으로 돌아온 날, 조촐한 귀국 파티를 열었습니다. 그때 아이들이 말했습니다. 제게는 그 짧은 말이 이 여행을 다녀온 최종 이유가 되었습니다.

"아버지! 수고하셨습니다. 이제 직함에 아버지라 적으세요!"

빼빼가족 아버지 최동익

이런 형태의 무모한 여행은 권할 만한 것이 아닙니다. 우리 가족이 손가락 하나 다치지 않고 무사히 돌아올 수 있었던 것은 보이지 않는 힘의 배려와 행운이 따랐기 때문입니다. 그러나 혹여, 유사한 방식의 여행을 준비하시거나 다르다 할지라도 길을 떠나시려는 나그네를 위해 우리의 경험을 기록으로 남깁니다. 물론 우리 가족이 마주한 길에서 나온, 우리 가족의 생활방식, 사고방식에서 나온, 그때(2013~2014년), 그 환경에서 나온 기록입니다.

부록

1. 기억에 남는 여행지 BEST3
2. 캠핑카 준비하기
3. 자동차로 국경 통과하기
4. 나라별 유류비
5. 꼭 필요한 준비물

KOREA
KOREA ↔ EUROPE

그곳에 다시 가고 싶다! 기·억·에·남·는·여·행·지 Best 3

아버지

바이칼호수, 러시아 Best 1

‘성스러운 바다’ ‘시베리아의 푸른 눈’ ‘시베리아의 진주’라 불리는 바이칼호수! 아름다움과 고요함, 두려움을 동시에 간직한 신비로운 곳! 여행은 보는 것이 아니라 느끼는 것이라 가르쳐준 그곳에 꼭 한번 다시 가고 싶다!

호카곶, 포르투갈 Best 2

유라시아대륙의 서쪽 끝이라는 이유로 세계의 이정표가 된 호카곶. 우리에게 허상의 목적지였던 그곳에서 가족이 얼싸안은 채 눈물을 흘리며 바라봤던 검푸른 대서양이 잊히지 않는다. 다시 갈 수 있을까?

코토르, 몬테네그로 Best 3

아름다운 아드리아 해가 안고 있는 응축된 유럽 이야기, 지금껏 본 적 없는 협곡의 바다, 괴이한 색의 돌산에 둘러싸인 아름다운 고성들. 우여곡절 끝에 마주한 코토르는 여행의 과정이 ‘뜻하지 않은 마주함’이라는 걸 깨닫게 해주었다. 언젠가 다시 가보고 싶다. 배낭 메고 여유롭게….

박 여사

시베리아, 러시아

Best 1

설렘과 그리움이 교차하는 길, 시베리아. 끝없는 풍광과 하늘, 너무나 평온한 초원길, 온갖 새들의 지저귐과 들꽃의 향, 투박함 속에 숨어 있는 다정한 사람들, 시린 여정을 녹여주던 보드카. 그 모든 것이 그립다. 이 그리움이 사무치면 다시 시베리아의 길 위에 서 있겠지?

Best 2

이스탄불, 터키

터키에 들어서면서부터 무슬림의 예배를 알리는 '아잔' 소리에 눈을 뜨고 '아잔' 소리를 들으며 잠을 청했다. 지나가는 이는 미처 알 수 없는 찬란한 시간을 가진 이스탄불에 언젠가는 꼭 한번 다시 가보고 싶다.

마슈하드(캉 마을), 이란

Best 3

이란 동북쪽 끝자락에 있는 이슬람 성지 마슈하드. 그곳에서도 산속으로 한참을 들어가야 나오는 오지마을 캉. 그곳에 따뜻한 인연이 기다리고 있었을지 어찌 알았겠는가?

다윤

고비사막, 몽골 Best 1

울란우데에서 베이징으로 가는 시베리아 횡단열차의 식당 칸에서 말로만 듣던 고비사막을 만났다. 시베리아의 황량함과는 또 다른 황무지가 지금도 눈앞에 어른거린다. 사막이라는 이름에 걸맞게 수많은 모래알들이 바람에 날려 열차 안까지 들어왔다. 때문에 고비사막을 촬영했던 캠코더가 고장이 났다. 지금도 그 캠코더를 보면 고비사막이 생각난다. 캠코더로 고비사막의 모래를 채집해 왔다고 생각해야지.

베이징(게스트하우스 거리), 중국 Best 2

베이징에 도착해서는 천안문 앞 번화가에 있는 게스트하우스에 머물렀다. 그런데 그 게스트하우스가 있던 거리는 다른 관광지와 다르게 여행자보다 현지인이 더 많았다. 1층 테라스에서 거리를 구경하고 있으면 시간 가는 줄 몰랐다. 과일을 싣고 가는 오토바이, 학교를 마치고 비눗방울을 불면서 집으로 돌아가는 아이들, 동네 구경 나온 노인들. 여행 중 가장 편했던 시간이었다.

Best 3 플리트비체 국립공원, 크로아티아

플리트비체 국립공원은 베스트 여행지일 수밖에 없게 생겼다. 눈이 많이 와서 공원 전체를 둘러볼 수 없었지만, 그럼에도 불구하고 새하얗던 플리트비체는 마치 동화 속에나 나올 것 같은 모습을 하고 있었다. 언젠가 기회가 되면 꼭 다시 찾아가 공원 전체를 다 둘러보고 싶다.

진영

이란 Best 1

이 나라 사람들처럼 좋은 사람들을 어디에서 또 만날 수 있을까? 그들처럼 아름답고 달콤했던 이란의 무화과도 잊을 수가 없다.

Best 2 러시아

긴 말이 필요 없다. 느리게 뛰던 심장을 쿵쾅거리게 만들고 싶다면 러시아로 떠나라! 사람들도 참 좋았는데, 특히 러시아 여자들이 너무 친절하고 예뻤다.

핀란드 Best 3

여행에 지친 우리 가족의 피로를 싹 풀어주었던 핀란드의 사우나! 직접 장작을 패는 재미까지 더해준 사우나! 지금도 하루 일과에 몸이 무거워지면 핀란드의 사우나가 생각난다.

진우

베이징, 중국

Best 1

베이징은 긴 여행 끝에 갔던 곳이라 그런지 마치 집에 온 것처럼 아늑한 느낌을 주었다. 파자마를 입고 맨발로 돌아다니는 기분이었다. 비가 살짝 온 후의 따스한 날씨까지 너무나 좋았다. 베이징은 다시 가보고 싶은 곳이 아니라 꼭 다시 가야 할 곳이다.

자그레브, 크로아티아

Best 2

여행 루트에는 없던 나라, 크로아티아의 수도 자그레브에서 꽤 오래 머물렀다. 자그레브는 유럽, 했을 때 생각나는 따스함과 여유, 아름다움을 모두 가지고 있는 곳이다. 게스트하우스도 너무 좋았다. 방도 따뜻했고, 직원들도 가족 같았고…. 자그레브에서는 길을 잃어도 걱정이 없을 것 같았다.

Best 3

핀란드

핀란드에는 호수가 참 많았다. 하지만 똑같이 생긴 호수, 똑같은 색을 가진 호수가 하나도 없었다. 그 아름다운 호수를 보며 여행할 수 있었던 게 지금 생각하면 너무나 큰 행운이었던 것 같다. 찬란했던 호수를 보기 위해서라도 꼭 한번 다시 핀란드에 가고 싶다.

캠 · 핑 · 카 · 준 · 비 · 하 · 기

이 여행을 위해 8만 킬로미터를 주행한 2002년식 '기아 파워콤비'를 입양했다. 4인승(이동 사무실)으로 구조 변경된 이 차량을 선택했던 이유는 8인승 이상의 차량으로 여행하는 걸 금지하는 나라가 있다는 풍문을 들어서였다. 그런데 결론적으로 그런 나라는 없었다. 그도 그럴 것이 국경수비대, 세관, 경찰은 '차량을 그곳에서 판매하지 않고 가지고 나갈 것인가' '도난 차량은 아닌가' '차량 내에 마약, 총기류는 없는가' 등에만 관심을 두었기 때문이다. 물론 중국과 같은 경우는 차량으로 여행하는 게 구조적으로 어려웠다. 중국만 뺀다면 우리는 무탈이로 수많은 국경을 넘나들며 여행했다.

캠 · 핑 · 카 · 계 · 획

캠핑카와 캠핑장에 대해 가지고 있는 기존의 생각을 버려야 한다. 한국의 캠퍼들이 선호하는 안락한 캠핑카

는 이동보다 정박에 주안점을 둔 차량이다. 그리고 국내 캠핑장에는 전기 시설과 수도 시설이 잘 정비되어 있다. 하지만 대륙을 일주하려면 이동에 용이한 차량을 가지고 있어야 한다. 또한 물과 전기가 있는 정박지는 생각처럼 자주 만날 수 없다. 때문에 이러한 상황 모두를 대비한 캠핑카 개조(설계) 계획을 세워야 한다.

전 • 기 • 시 • 설

여행 중 가장 중요한 시설이 바로 전기 시설이다. 우리는 30A 주행 충전기를 사용해 2대의 노트북과 3대의 카메라, 1대의 캠코더 충전, 무시동 히터 가동, 내부 조명 등을 모두 해결했다. 이 충전기는 운행 중 생산한 27.3V(24V 차량)의 전기를 300AH 딥사이클배터리에 저장한다. 그러면 600W 인버터를 이용하여 220V 전기로 변환해 실제 가전제품 가동에 사용할 수 있다. 물론 이 충전기로 600W 이상의 에너지가 필요한 가열 조리기구는 가동할 수 없다. 하지만 그러한 조리기구를 가지고 1년을 여행한다는 것도 어불성설이다. 전기 시설이 있는 정박지에 대비하여 220V 전기를 24V(혹은 12V) 전기로 바꾸어 배터리에 저장해주는 A.C전원 충전기도 꼭 지참하시길!

난 • 방 • 시 • 설

무시동 히터(시동을 끈 상태에서 약간의 차량 기름과 캠핑용 배터리로 실내 공기를 데우는 온풍기), 이거 걸작이다. 조금 고가라는 것만 뺀다면 다른 단점이 보이지 않는 강력 추천 제품이다. A/S망이 전 세계를 아우르고 있으니 여행 시 보증서를 꼭 지참하는 게 좋다. 무시동 히터는 '공기 난방 시스템'과 '냉각수 난방 시스템'으로 나뉘는데, 1년 이상의 장기여행을 준비한다면 냉각수 난방 시스템을 사용하는 게 더 적합한 것 같다. 영하 20~30도의 터키 아나톨리아 고원지대를 지나면서 시동이 걸렸던 차량이 냉각수 난방 시스템을 장착한 차량이었기 때문이다. 짧은 소견으로는, 냉각수 난방 시스템이 무시동 상태에서 냉각수를 끓여 온기를 제공하는 방식이라 밤새 엔진이 따뜻하게 유지되어 엔진에 무리가 없기 때문인 것 같은데… 정답인지는 모르겠다.

수 · 도 · 시 · 설

78리터 물탱크로 한 가족의 생활이 가능할까? 가능하다. 원래 있던 200리터 물탱크는 건장한 성인 남자 세 명이 웅크리고 앉아 있는 무게다. 이 세 명의 남자와 함께 여행한다면 차량 쏠림 현상이 생기고 연료 소비도 많아진다. 사실 물탱크의 크기보다 물을 차량까지 용이하게 가져올 수 있는 도구를 준비하는 게 더 중요하다. 호스는 나라마다 수도꼭지의 형태와 크기가 달라 무용지물이다. 질이 좋은 접이식 비닐용기를 준비하자.

조·리·시·설

우리는 조리를 위해 10킬로그램짜리 LPG 가스통과, 예비용 5킬로그램짜리 LPG 가스통을 들고 출발했다. 그리고 10킬로그램짜리 가스통의 가스가 약간 남은 상태로 여행을 마쳤다. 국내에서 삼시세끼 먹던 국, 찌개와 같은 가열 음식보다 현지 시장에서 파는 야채와 빵, 육류 가공품, 유제품으로 밥상을 차리다 보니 생각보다 연료의 소비가 적었다. 유라시아대륙에서 만난 국가들은 가스의 충전 방식과 가스 용기의 형태가 다 달랐다. 지금에 와서 드는 생각은 LPG 가스보다 부탄가스를 사용했더라면 더 간편하고 경제적이었을 것 같다는 것이다. 게다가 부탄가스의 질과 용기는 어느 나라를 가든 똑같다.

캠·핑·카·외·부

캠핑카를 개조할 때 차량 외부를 조용하게 꾸밀 것인가, 요란하게 꾸밀 것인가에 대해 많이들 고민할 것이다. 우리 가족 역시 그랬다. 고민 끝에 우리는 이 차에 가족이 타고 있다는 것을 알리는 게 여행에 조금이라도 더 유리할 것이라고 판단, 후자의 아이디어를 채택해 태극기와 'KOREA'라는 글자, 예상 루트를 표시한 지도, 빼빼가족이라는 글자 등으로 무탈이 외부를 꾸몄다. 우리의 생각은 적중했는데, 실제로 여행하는 가족이 타고 있다는 걸 알려주는 무탈이 덕분에 우리는 여러 번 위기에서 빠져나올 수 있었다. 또한 우리가 지

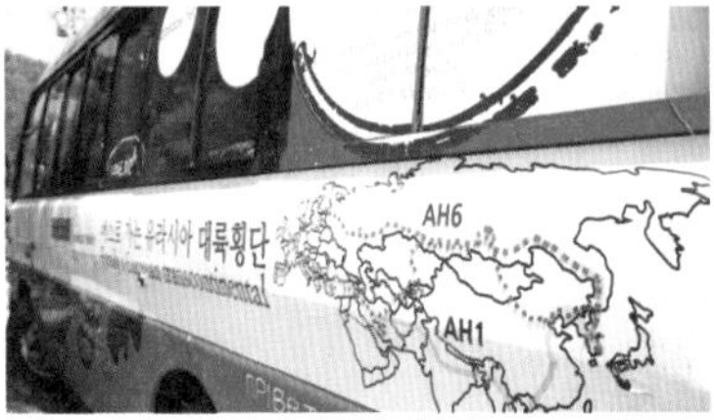

나온 루트와 향후 예상 루트를 표시한 지도는 생면부지의 현지인들과 스스럼 없이 소통할 수 있는 중요한 매개체가 되어주었고, 여행 내내 어디를 가나 인기를 끌었다.

고 • 정

비포장도로와 깊은 웅덩이, 거의 유턴 수준으로 꺾이는 도로 등이 산재한 유라시아대륙의 도로 사정을 감안한다면 내부 집기를 안전하게 고정시키는 게 캠핑카 개조 시 최우선되어야 할 과제다. 우리 역시 그릇, 가전제품을 모두 부셔본 후 '고정'의 중요성을 깨달았다. 우리나라의 도로는 북유럽을 제외한 유럽의 그 어떤 나라

보다 좋다. 때문에 우리나라 도로를 기준으로 캠핑카 내부를 개조하면 위험하다. 캠핑카 실내의 수납장은 대부분 잠금 장치가 되어 있지만 여기에 만족하면 안 된다. 수납장 안의 물건도 일일이 고무 밴드로 묶어 고정시켜야 하고, 그렇게 하기 어려운 물건들은 투명 플라스틱 박스에 넣어 보관해야 한다. 그러지 않으면 수납장 안이 아수라장이 되기 십상이고, 수납장 문까지 고장 내는 경우도 허다하기 때문이다.

기 • 타

여행을 준비하면서 가져가야 할 물품, 생활에 필요한 시설물들을 따져보니 캠핑카의 크기가 아파트 20평 정도는 되어야 했다. 여행하는 동안 캠핑카는 집이다. 짐이 많으면 가뜩이나 좁은 집이 더 좁아지고, 연료비도 많이 든다. 게다가 열악한 도로 사정으로 차량 자체가 위험에 처할 수도 있다. 우리는 각자의 짐을 줄이는 것은 물론이고, 무탈이에 있던 냉장고, 에어컨, 음향 기기, 온수 시설 등도 탈거했다. 또한 앞서 말했듯 200리터짜리 물탱크도 78리터짜리 물탱크로 교체해 차량의 무게까지 최소화했다. 짐과 몸이 이렇게 가벼워지는 데 3년이라는 준비 기간이 필요했다. 여행은 단출해야 떠날 수 있다. 캠핑카는 단아하게 만들어야 탈이 없다.

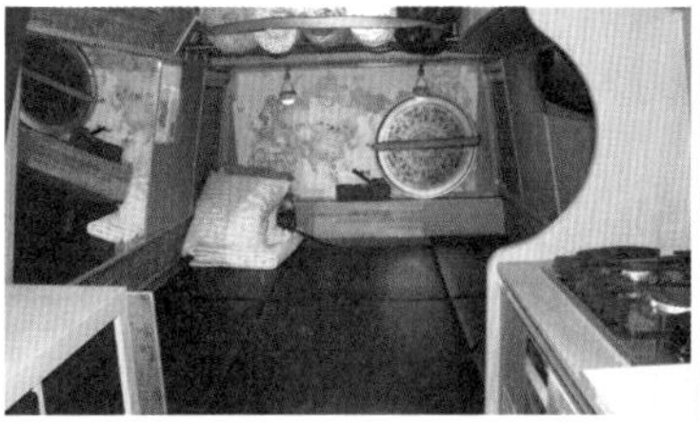

자 · 동 · 차 · 로 · 국 · 경 · 통 · 과 · 하 · 기

꼭 · 필 · 요 · 한 · 구 · 비 · 서 · 류 · 및 · 준 · 비

다음에 소개하는 서류들은 국경 통과와 현지 경찰 검문에 필요한 서류이므로 꼭 소지해야 하고, 분실을 대비한 복사본도 필요하다.

영문자동차등록증	차량은 여행자 소유여야 한다. 차량등록사업소에서 발급해준다.
국내자동차등록증 원본	영문 서류와 차대번호 대조를 위해 제출을 요구하는 나라가 있다.
자동차임시수출입증명서	우리나라 출국 시 세관에서 발급해준다.
국제운전면허증	외국에서 국제운전면허증을 분실하면 국내 대리인이 재발급해줄 수 있으므로 증명사진 1장을 대리인에게 맡기고 출발하는 게 좋다.
한국운전면허증	원칙적으로는 국제운전면허증과 함께 소지하고 있어야 한다. 우리나라의 국제운전면허증은 제네바협약에 가입된 나라에서만 허용된다. 때문에 이 협약에 가입되어 있지 않은 나라를 통과할 때는 차선책으로 한국운전면허증을 소지하고 있는 게 유리하다.
영문자동차번호판	아크릴 또는 선팅지에 영문으로 출력하여 차량 앞뒤 유리창에 부착해야 한다.
국가식별기호	'KOR'이라는 우리나라 국가기호를 차량의 앞뒤에 부착해야 한다. 차량등록사업소에서 국제 규격에 맞추어 출력해준다.

※ 본인 차량의 차대번호가 차량 어디에 새겨져 있는지 알아야 한다. 대부분의 국경 통과 시 서류에 적힌 차대번호와 실제 차대번호의 일치 여부를 확인하기 때문이다.

한국 – 러시아(블라디보스토크항)

에이전시 대행을 통해야만 차량이 러시아에 들어갈 수 있다. 수속 대행비 약 20만 원.

- 차량 보험 : 의무사항(에이전시 대행, 3개월에 약 10만 원).

러시아 – 핀란드(E18도로 국경)

셍겐조약(유럽국경통합시스템)에 의한 유럽 입국 대행 국경으로 세관 검사 및 서류 검사가 까다롭지만 위에 언급한 구비서류만 있으면 통과하는 데 문제없다.

- 차량 보험 : 의무사항. EU통합적용보험 그린카드(국경검문소에서 판매, 1개월에 약 20만 원).
- 중립지대에 대형 면세점이 있다.
- 러시아 입국 시 받은 차량 관련 서류(차량입국허가서)는 '반드시' 소지하고 있다가 러시아를 떠날 때 제출해야 한다.

슬로베니아 – 크로아티아(E751 국경)

크로아티아는 셍겐조약에 가입은 했지만 실행은 하지 않는 나라다. 때문에 국경검문소가 있고, 그곳에서 여권과 차량 검사를 실시한다. 하지만 러시아에서 셍겐조약국으로 들어갈 때 경험했던 살벌함은 없다.

- 차량 보험 : 의무 또는 권장사항인지는 모르겠지만 국경 통과 시 요구하지 않았다.
- 중립지대에 면세점이 없다.

유럽(셍겐조약국) 국경

셍겐조약국끼리는 국경검문소가 없다.

- 셍겐조약국 지도(2008년 기준, 이미지 출처 위키백과).
- 청색 : 셍겐조약국.
- 옅은 청색 : 셍겐조약에 서명했지만 실행하지 않는 나라. 비셍겐조약국이나 마찬가지.
- 회색 : 비셍겐조약국.

크로아티아 – 보스니아 – 크로아티아(E65 국경)

'보스니아 헤르체고비나'라는 나라가 크로아티아를 두 개의 나라로 단절시켜놓은 형국이라 두브로브니크라는 유명 관광지에 갔다가 몬테네그로로 가려면 보스니아를 지나 다시 크로아티아로 들어가야 한다. 이웃 마을의 왕래가 많은 지역이라 특별한 경우가 아니라면 여권 검사만으로 통과할 수 있다.

• 중립지대가 짧아 면세점이 없다.

크로아티아 – 몬테네그로(E65 국경)

여권, 차량 서류 검사는 완벽하게 하지만 세관 검사는 약식으로 진행한다. 때문에 서류에 하자만 없다면 빠른 시간 안에 통과할 수 있다.

• 차량 보험 : 의무사항(국경에서 판매, 1개월에 약 10만 원).

• 중립지대에 면세점이 있으나 성수기(휴가철)에만 운영.

몬테네그로 – 세르비아(E763 국경)

협곡을 끼고 있는 험준한 산악지형에 위치한 작은 국경이라 빠르게 통과할 수 있다.

• 차량 보험 : 우리는 차량 보험 없이 이곳을 통과했다. 하지만 국경수비대와 전혀 의사소통이 되지 않아 차량 보험을 요구했는지, 원래 의무사항이 아닌지 아직도 알 길이 없다.

• 양국의 국경검문소 전후와 중립지대는 우람한 돌산의 허리를 깎아 만든 도로다. 절대 한눈을 팔면 안 되지만 그 경이로운 풍광에 고개를 돌릴 수밖에 없다.

• 면세점은 무슨… 갓길도 없다.

세르비아 – 불가리아(E80 국경)

세르비아 출국, 불가리아 입국 모두 세관 검사가 엄격하다. 하지만 앞으로 소개할 중앙아시아의 국가 간 국경에 비하면 아무것도 아니다.

• 차량 보험 : 통관 시 요구하지 않았다. 개인적으로 보험을 들고 싶었으나 의사소통이 불가능했다.

• 중립지대에 작은 면세점이 있었지만 휴점한 지 오래된 듯했다.

불가리아 – 터키(E80 국경)

터키와 이란의 물류가 이곳을 거쳐 발칸반도와 유럽으로 넘어간다. 그런 만큼 트럭과 차량이 많아 시간도, 에너지도 많이 소모되는 국경이다. 세관 검사 또한 엄격하다.

• 차량 보험 : 의무사항(면세점에 있는 보험사에서 판매, 1개월에 약 15만 원).

• 국경 사무실에 차량 보험을 제출하면 차량용 비자를 발급해준다. 이 비자는 차량 운행 시 반드시 소지하고 있어야 하고, 출국 시에도 반드시 필요하다.

• 중립지대에 있는 면세점은 공항 수준의 규모다. 앞으로 들어갈 터키보다 물가가 싸기 때문에 차량 보험 가입 외에도 생필품 구입을 위해 무조건 방문해야 한다.

터키 – 이란(E80 국경)

운전자 외의 동승자는 차에서 내려 터키의 검문소를 통과해 통로로 연결되어 있는 이란의 검문소로 나가면 되지만 차량과 운전자는 까다로운 검사를 받아야 한다. 차량이 터키를 빠져나가려면 입국 시 받았던 차량용 비자만 제출하면 되지만 차량이 이란에 들어가려면 카르넷(Carnet de Passages en Douane, CPD, 차량 세관 문서이자 차량, 화물의 보증금 제도)이 있어야 한다. 우리 가족은 카르넷이 없어 이란 국경에 5시간 정도 억류 후 석방됐다.

• 차량 보험 : 의무사항(페르시아어를 몰라 아직도 약관, 기간, 금액을 정확히 모른다. 약 10만 원).

• 중립지대는 의미가 없을 만큼 짧다. 터키

문으로 나가면 바로 이란이랄까?

• 국경검문소에 개인 환전상이 많지만 마을로 내려가 개인 은행에서 환전하는 게 더 유리하다.

• 카르넷 시행 국가 지도(2008년 기준, 이미지 출처 위키백과).

• 주황색 : 의무사항.

• 노란색 : 권고사항.

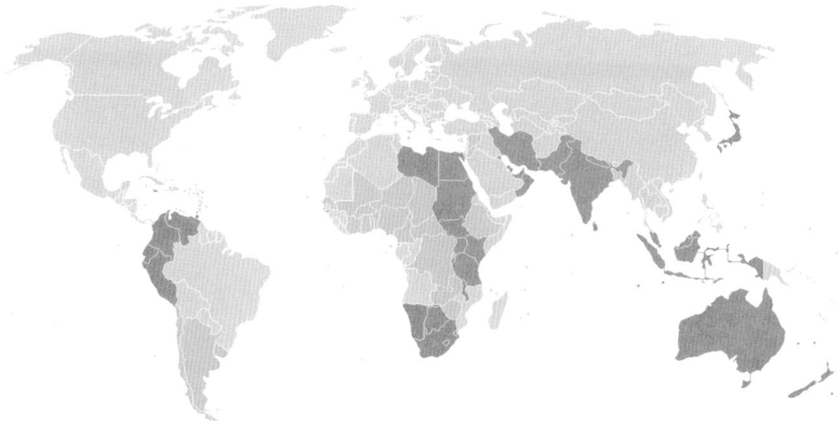

이란(국도 22 국경)-투르크메니스탄(Serakhs 국경)

터키부터 한국까지의 대부분의 국경은 옛 실크로드의 요충지답게 지금도 많은 화물트럭이 꼬리에 꼬리를 물고 통관을 기다린다. 화물트럭 줄에서 차례를 기다리면 낭패를 본다. 자동차 줄은 따로 있다. 이란 입국 시 발급받은 알 수 없는 문자의 차량입국허가서만 소지하고 있으면 이란 출국에는 문제가 없다. 하지만 투르크메니스탄 국경이 까다롭다. 서류 발급이 끝이 없고(국경 자체 발급이니 본인이 미리 준비할 서류는 없다.) 차량의 세관 검사 또한 엄격하다. 가지고 간 책까지 한 장 한 장 넘겨 확인하고, 취사용 가스통을 분리하여 X-ray 검사대에 올리는 수준이다. 이곳을 통과하실 분은 도시락을 지참하시길!

- 차량 보험 : 의무사항(받은 서류 중 어떤 것이 보험인지 지금도 모른다).
- 차량 보험 가입과 각종 서류를 만드는 데 필요한 현금(현지화)을 꼭 지참해야 한다. 이곳부터는 현금인출기, 신용카드, 달러, '캔 유 스픽 잉글리쉬?'란 말은 없다.
- 국경에서 발급받은 알 수 없는 문자의 서류는 꼭 지참하고 있어야 한다. 주도로, 간선도로, 도시의 진입로 가릴 것 없이 20~30킬로미터 간격으로 도열해 있는 검문소에서 이 서류를 확인하기 때문이다.
- 2킬로미터 정도의 황무지에 중립지대가 있다. 하지만 있는 것은 줄 지어 있는 트럭과 총을 든 군인 그리고 모래바람뿐이다.

투르크메니스탄-우즈베키스탄(M37 국경)

엄청나게 까다로운 국경이다. 수색견을 동반한 군인이 워커를 신은 채 차량에 올라와 온 짐을 뒤지고, 내시경으로 문짝 사이까지 확인한다.

- 차량 보험 : 권고사항. 국경을 나서면 보험 가입을 권하는 좌판 보험가게(?)들이 즐비하다.
- 이곳부터는 면세구역이라는 말이 사라진다.
- 우즈베키스탄에 들어가려면 현지 화폐 단위 공부를 해야 한다. 몇만 원을 환전해도 5명이 모여 몇 분간 세어야 할 정도로 화폐 단위가 크다. 차 트렁크에 돈다발을 싣고 다닌다. 자동차를 살 일이 있으면 트럭으로 돈을 싣고 간다는 말이 있을 정도다.

우즈베키스탄-카자흐스탄(M39 국경)

중앙아시아 국가 간 국경 통과에 관련된 모든 문서는 러시아어로 작성되어 있다. 세관 검사와 서류도 비슷하다. 하지만 카자흐스탄으로의 입국 심사는 조금 더 까다롭다. 카자흐스탄이 중앙아시아의 신흥부국이다 보니 이웃 국가의 사람들과 물류를 철저히 확인하는 것 같다.

- 차량 보험 : 의무사항 아님.

카자흐스탄-키르기스스탄(M39 국경)

중앙아시아 국가 중 키르기스스탄 국경이 제일 개방적이고 절차 또한 간단하다. 그래도 다른 중앙아시아 국가에서 그랬듯 국경에서 발급받은 차량입국허가서는 신줏단지 모시듯 해야 한다.

- 차량 보험 : 의무사항 아님.

카자흐스탄(A17 국경)-러시아(Karasuk)

카자흐스탄과 러시아는 서로 관세동맹을 체결했기 때문에 입출국 절차가 간단하다. 하지만 우리가 지나온 국경은 이웃 주민들만 오고가는 황량한 벌판에 위치한 작은 국경이라 한국과 러시아가 상호 무비자 체결국인 것을 확인하는 데에만 5시간이 걸렸다.

- 차량 보험 : 의무사항 아님(블라디보스토크에 입국 시 차량 보험이 의무사항이었다는 걸 고려해보면 러시아에서의 차량 보험 가입은 의무사항일 것 같은데, 워낙 작은 국경이라 확인하지 않은 것 같다).

러시아-몽골(시베리아 횡단열차)

차량으로 중국을 여행하는 게 거의 불가능하다는 걸 알게 된 후, 특단의 조치를 취했다. 무탈이를 대형 트럭에 실어 블라디보스토크로 보낸 후, 가족은 시베리아 횡단열차를 타고 베이징까지 가기로 한 것. 해서 러시아-몽골 국경은 열차 안에서 만났다. 우리가 겪었던 절차를 간단히 말하면 이렇다. 러시아 국경 도착 → 객차의 양쪽 출입문(화장실 포함) 통제 → 러시아 국경수비대가 승객의 여권 회수 → 러시아 국경세관원(수색견 포함)이 승객의 소지품 검사 → 1시간 후 여권 반환 → 열차 출발 → 10여 분 후 몽골 국경 도착 → 러시아와 동일한 검사와 확인으로 2시간 정도 정차.

- 2~3시간 가까이 화장실을 사용할 수 없다. 미리미리 갔다 오시길….

몽골-중국(시베리아 횡단열차)

출입국 검사, 세관 검사는 러시아-몽골 국경과 동일하게 객차 내에서 이루어진다. 다른 점이 있다면 중국 국경수비대가 여권을 회수한 후 열차를 거대한 건물로 이동시켜 객차와 대차(바퀴)를 분리한 뒤 러시아, 몽골의 궤도(광궤)와 다른 중국의 궤도(표준궤)에 맞는 대차 교체 작업을 실시한다는 것이다. 우리나라(표준궤 사용)의 열차가 대륙으로 나아가기 위해 꼭 필요한 숙제를 보는 재미가 있었다. 교체 시간은 1시간 정도.

중국(훈춘) – 러시아(국제여객버스)

무탈이가 탁송되어 있는 러시아 블라디보스토크로 가려면 중국 연변 조선족자치구 훈춘시의 국제버스터미널에서 러시아 블라디보스토크행 국제버스를 타야 한다. 버스가 중국 국경에 도착하면 짐을 전부 가지고 하차한 후 공항 검색과 같은 수준의 검사를 마쳐야 중립지대로 나갈 수 있다. 그곳에 대기하고 있던 버스를 타고 중립지대를 2~3킬로미터 정도 달리면 러시아 국경이 나오는데, 이곳에서도 입국 서류를 작성하고 짐 검사를 해야 한다.

러시아(자루비노항) – 대한민국(속초)

러시아 차량반출허가(자루비노항 기준) 검사에서 차량의 러시아 반입 서류가 없어 작은 소동이 있었다. 서류가 없는 이유는 러시아 입국 시(블라디보스토크, 1년 전) 받은 차량 반입 서류가 핀란드–러시아 국경에서 이미 반납되었고, 유라시아대륙을 한 바퀴 돌아 카자흐스탄에서 다시 러시아로 들어올 때 시골의 작은 국경검문소에서 다시 발급받지 못해서다. 결론적으로 우리 수중에 러시아로 차량을 가지고 들어왔다는 서류가 없었다. 그것을 이해시키고 우리가 들어온 작은 시골 마을의 국경검문소로부터 확인 서류를 받아내는 데 2시간이 소요됐다. 그리고 드디어 그리운 대한민국에 아무런 제지 없이, 당당하게 입국했다.

유라시아대륙을 자동차로 여행하는 건 지금까지 보았듯 우리나라에서 준비한 서류들과 러시아 입출국 시 받고 돌려주어야 하는 '차량임시반입허가서'만 있으면 셍겐조약국, 중앙아시아까지 오가는 데 아무런 문제가 없다. 물론 나그네만 가질 수 있는 특권인 작은 두려움은 늘 동반되겠지만…. 유라시아대륙을 자동차로 횡단하고자 준비하시는 분들, 너무 겁내지 마시길! 어디나 늘 길은 있었고, 방법도 있었으니까!

나 · 라 · 별 · 유 · 류 · 비

(여행 중 증빙 자료의 도난으로 어디까지나 추정치, 2013년 기준. 1L당)

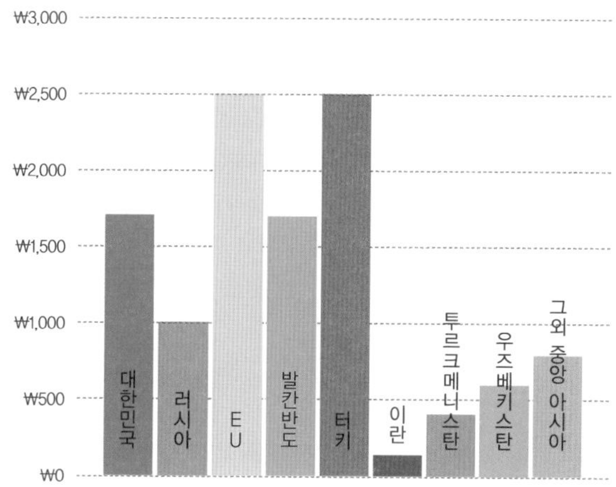

꼭 • 필 • 요 • 한 • 준 • 비 • 물

선 • 물

여행은 주변의 도움 없이 나아갈 수 없다. 차량의 수리를 도와주셨던 고마운 분들, 집으로 초대해주셨던 현지인들, 자기 차를 몰고 시 외곽까지 길을 안내해주셨던 분들, 캠핑장에서 자기가 아끼는 물건을 내어주셨던 분들…. 여행자에게 있어 길 위에서 잠시 만난 고마운 인연을 위해 자그마한 선물을 준비하는 것은 권장사항이 아니라 필수사항이다. 우리가 가지고 간 선물은 전통 부채, 전통 지갑, 키홀더, 인스턴트커피 등이다. 여행 막바지에는 우리가 사용하던 젓가락까지 선물해야 할 만큼 고마운 분들을 많이 만났다.

소 • 형 • 복 • 합 • 기

스캔, 복사, 프린트가 가능한 소형 복합기는 장기여행 시 꼭 필요한 준비물이다. 국경 통과 시 생기는 각종 서류의 스캔 및 저장, 한국에서 긴급하게 이메일로 받은 서류의 출력, 국경마다 요구하는 여권, 비자의 사본을 위해서 꼭 소지하시길.

증 • 명 • 사 • 진

증명사진은 비자 발급, 서류 신청 등 별별 곳에 다 필요하다. 현지에서 사진관을 찾는 건 쉽지도 않거니와 혹여 사진관이 있다 해도 가격이 너무 비싸다. 그러니 증명사진을 넉넉히 준비하는 게 좋다. 우리 가족의 경우, 각각 20장의 증명사진을 준비했다. 아버지는 증명사진 전부를 소진했고, 아이들은 8장 정도 남았다.

2 • G • 폰 • 공 • 기 • 계

유라시아대륙 대부분의 국가들은 선불 요금제를 채택하고 있다. 때문에 2G폰 공기계만 있으면 현지에서 산 유심칩으로 일행끼리의 통화, 현지 대사관 또는 교민과의 통화가 가능하

다. 또한 급할 때는 한국으로의 통화도 가능하다. 요금은 비교적 저렴하다.

코・인・물・티・슈

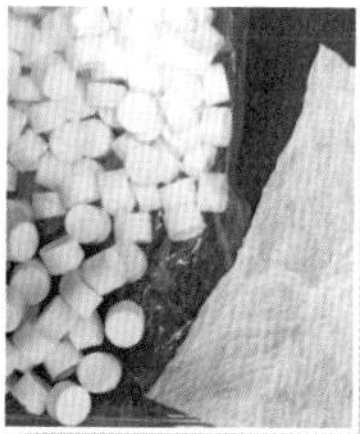

코인 물티슈는 우리 여행의 대박상품이었다. 세숫물 대용, 행주 대용, 수건 대용 등 많은 용도로 사용할 수 있었는데, 그중에서도 가장 좋았던 용도는 마술쇼! 중앙아시아의 삼엄한 국경에서 세관 검사를 할 때 이 물건이 마약류와 비슷하게 생겨서 군인들의 경계를 많이 받았다. 그때마다 군인들에게 이 마술쇼를 보여주면 분위기가 바로 전환되었고, 국경 통과에 많은 도움이 되었다.

G・P・S・기・기

GPS 기기는 지나온 길을 기록하는 데 쓰인다. 더불어 위험에 처했을 때 자신의 위치를 알리는 데도 유용하다. 보통 유명 관광지에는 이정표가 있지만 차량으로 현지의 도로를 이용해 여행하다 보면 그 어떤 이정표도 발견하지 못하는 경우가 허다하다.

차・량・소・모・품

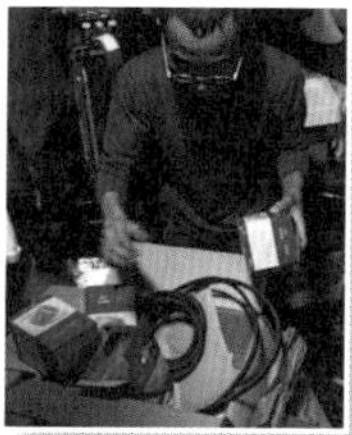

본인 차량의 정품 오일필터, 에어필터, 벨트, 전구류는 꼭 가지고 가야 한다. 그것도 아주 많이! 유라시아대륙의 어느 나라에서건 한국 차량의 부품을 살 수 있지만 시간과 돈이 많이 든다. 우리는 여행을 시작한 후에야 이러한 사실을 깨달았다. 결국 한국에 있는 친구에게 부품 조달을 부탁해 프랑스 파리로 항공배송을 받았다.